AIRBUS A400M

Bernd Vetter / Frank Vetter

Motor buch Verlag

Einbandgestaltung: Joachim Schreiber

Titelabbildung: Dr. Stefan Petersen
Rückseite: Archiv Verlag

ISBN 978-3-613-04782-2

1. Auflage 2026

Ein Unternehmen der Paul Pietsch-Verlage GmbH & Co.

Sie finden uns im Internet unter
www.motorbuch-verlag.de

Lektorat: Günther Nord
Innengestaltung: Günther Nord, Heddesbach
Druck und Bindung: Conzella, 85609 Aschheim-Dornach
Printed in Germany

Inhalt

Vorworte

Liebe Leserinnen und Leser

Der Airbus A400M steht für Leistungsfähigkeit, Verlässlichkeit und Einsatzbereitschaft.

Mit der Übernahme der letzten A400M im April 2026 haben wir einen wichtigen Meilenstein erreicht. Ein Weg, der von hohen Erwartungen, aber auch von Herausforderungen begleitet war, findet damit seinen sichtbaren Abschluss.

Der A400M hat in den vergangenen Jahren eindrucksvoll unter Beweis gestellt, wozu er in der Lage ist. Mit seiner Fähigkeit, große Lasten über weite Distanzen zu transportieren, sowohl strategisch als auch taktisch zu wirken und dabei flexibel auf unterschiedlichste Einsatzszenarien zu reagieren, eröffnet er der Bundeswehr und unseren internationalen Partnerluftwaffen neue Handlungsmöglichkeiten.

Er hat sich dabei nicht nur im täglichen Flugbetrieb, sondern insbesondere in Einsätzen und auf globaler Bühne bewährt. Weltweite Verlegungen, anspruchsvolle Übungsvorhaben und selbst umfassende Langstreckenoperationen haben gezeigt, dass wir mit dem A400M zur schnellen Projektion von Luftmacht über große Distanzen in der Lage sind.

Ob bei militärischen Evakuierungsoperationen, bei der Unterstützung internationaler Missionen oder bei humanitären Hilfseinsätzen – der A400M hat sich als verlässliches und leistungsfähiges Transportmittel bewährt.

Der A400M prägt das Bild der Luftwaffe. Die Einsatzbereitschaft und besondere Leistungsfähigkeit sind untrennbar mit dem Erfolg der Luftwaffe und Bundeswehr insgesamt verbunden.

Doch so beeindruckend die technischen Fähigkeiten auch sind: Der entscheidende Faktor bleibt der Mensch. Dieses Buch widmet sich genau dieser Verbindung aus moderner Technik und gelebtem Einsatz.

Luftwaffe

Dr. Stefan Petersen

Die Autoren verstehen es, die Geschichte des A400M aus unterschiedlichen Perspektiven zu erzählen. Sie beleuchten nicht nur die Entwicklung und die technischen Besonderheiten dieses Flugzeugs, sondern vor allem die Erfahrungen derjenigen, die mit ihm arbeiten. Die Beiträge machen deutlich, wie eng Einsatzbereitschaft, Professionalität und Teamgeist miteinander verbunden sind.

Besonders hervorheben möchte ich die Vielzahl an eindrucksvollen Geschichten, die in diesem Buch zusammengetragen wurden. Sie geben Einblicke in reale Einsätze, in herausfordernde Situationen und in besondere Momente, die den Dienst mit dem A400M prägen. Damit entsteht ein authentisches Bild dessen, was dieses System im täglichen Einsatz bedeutet.

Ebenso beeindruckend ist die Auswahl der Fotografien. Die Bilder vermitteln nicht nur die technische Dimension des A400M, sondern fangen auch die Dynamik, die Präzision und den Teamgeist ein, die unseren Lufttransport auszeichnen.

Dieses Buch ist ein lebendiges Zeugnis moderner Luftwaffe und zugleich ein würdiger Beitrag zur Geschichte des A400M. Ich wünsche Ihnen, liebe Leserinnen und Leser, viele spannende und eindrucksvolle Einblicke.

Holger Neumann

Holger Neumann
Generalleutnant, Inspekteur der Luftwaffe

Wenn ich mit den A400M-Crews unserer Kundennationen spreche, bekomme ich fast immer das gleiche Feedback: Sie lieben den Flieger wegen seiner Power, seiner Agilität und seines breiten Einsatzspektrums. Der A400M macht den Job. Dieses Lob bedeutet mir und allen Mitarbeitenden bei Airbus sehr viel, denn es zeigt, welch hohen Stellenwert unser A400M in der Truppe hat.

Als Europas Rückgrat für militärische und humanitäre strategische und taktische Transportmissionen ist der A400M täglich im Einsatz: Er unterstützt die Bundeswehr und Luftstreitkräfte der NATO an der Ostflanke. Er betankt andere Flugzeuge und bringt Menschen in Sicherheit. Er arbeitet sowohl im eisbedeckten Grönland als auch in der staubigen Hitze des Mittleren Ostens zuverlässig. Und er hilft unseren Kunden, Soforthilfe bei Naturkatastrophen zu leisten. Kurzum: Der A400M leistet einen unschätzbaren Dienst für die Souveränität ihrer Nutzernationen.

Damit das auch so bleibt, arbeiten wir Hand in Hand mit unseren Kunden, um die Fähigkeiten des A400M zu erweitern und zu verbessern. Aktuell sind wir beispielsweise dabei, die maximale Nutzlast von 37 auf 40 Tonnen zu erhöhen. Wir arbeiten auch daran, dass sich der A400M als Mutterschiff für Drohnen oder als Feuerlöschflugzeug einsetzen lässt.

Airbus Defence and Space

Und damit sich Crews noch besser auf ihre Missionen konzentrieren können, planen wir die Integration satellitengestützter Landesysteme.

Die Weichen sind also gestellt für viele weitere »Happy Landings«.

Ich wünsche Ihnen viel Spass bei der Lektüre dieses Buches.

Ihr
Gerd Weber,
A400M-Programmleiter
Airbus Defence and Space

AIRBUS
DEFENCE & SPACE
A400M

Airbus Defence and Space

Kraftakt

Die lange Entwicklungsgeschichte des europäischen Militärtransporters

Anfang der 80er-Jahre war abzusehen, dass der Transportbedarf der Bundeswehr aufgrund steigender Anforderungen immer mehr zunehmen würde. Die Kapazitäten bei der von der Luftwaffe eingesetzten C-160 Transall stießen an ihre Grenzen. Aber nicht nur auf deutscher Seite, auch bei anderen NATO-Partnern zeichneten sich Einschränkungen ab. Der französische Verteidigungsminister Hernu wies im Jahre 1984 darauf hin, dass die Transall, das deutsch-französische Gemeinschaftsprogramm, in den 90er-Jahren durch eine moderne Version ersetzt werden müsse. Parallel schaltete sich die Politik mit ein. So trafen sich die Minister der Independent European Programm Group (IEPG) im Jahre 1984, um über die Notwendigkeit einer Harmonisierung operationeller Anforderungen und die Vermeidung paralleler Entwicklungen gleichartiger Projekte zu beraten. Sie forderten eine Entscheidung, wonach die nationalen Rüstungsdirektoren einen Plan entwickeln sollten, der die Grundlage für die Entwicklung eines gemeinsamen europäischen Rüstungsmarktes bilden könnte.

Das FIMA-Konsortium

Die Lufttransportflotten der europäischen NATO-Staaten waren zum größten Teil Mitte der 60er Jahre beschafft worden und hatten schon einige Flugstunden erflogen. Die C-160 Transall z.B. absolvierte ihren Erstflug im

Jahr 1963 und wurde in Deutschland von 1968 bis 1972 ausgeliefert. Die C-130 Herkules anderer NATO-Länder waren zumeist noch älter. Es war also dringend geboten, sich über ein Nachfolgemodell Gedanken zu machen.

Vertreter von Aerospatiale, British Aerospace, Lockheed und MBB unterzeichneten im Dezember 1982 ein Memorandum of Understanding (MoU) über eine industrielle Zusammenarbeit, um den Bedarf, die Machbarkeit und das Potential für die Entwicklung eines zukünftigen militärisch/zivilen Transportflugzeugprogrammes auf eigene Kosten in einer »Preliminary Study« zu untersuchen. Hierzu gründeten sie das »Future International Military/Civil Airlifter-Konsortium« (FIMA) und eröffneten ein Büro in Brüssel.

Im Jahr 1985 vereinheitlichten die Verteidigungsminister der Independent European Programme Group (IEPG) die Anforderungen an die Maschine und kalkulierten einen Bedarf von ca. 300 militärischen Transportflugzeugen für Europa, was den Weg für eine internationale Zusammenarbeit bei diesem Projekt frei machte. Im Jahre 1987 traten dann Aeritalia und CASA nach Unterzeichnung eines neuen MoU mit den bisherigen FIMA-Group-Mitgliedern ebenfalls dieser Gruppe bei. Nun waren es sechs Mitglieder.

Das FIMA-Designkonzept 1988 mit vier gegenläufigen Propellern.

Vier Triebwerke, jeweils zwei gegenläufige Propeller auf einer Achse. Aber diese Technologie war in der westlichen Industrie nicht ausreichend erforscht.

Im April 1988 überreichte der Chairman der IEPG, Panel 1 »Exploratory Group«, ein »Request for Information« (RFI) an die damalige FIMA-Group auf der Basis eines zwischenzeitlich erstellten »Draft Outline European Staff Target« (Draft OEST), einer ersten Beschreibung von Anforderungen und Vorstellungen. Schon im Juli 1988 erhielten die Nationen diesbezüglich eine Antwort in Form eines dreibändigen Reports, der auch Auslegungs- bzw. Lösungsvorschläge für das Flugzeug enthielt.

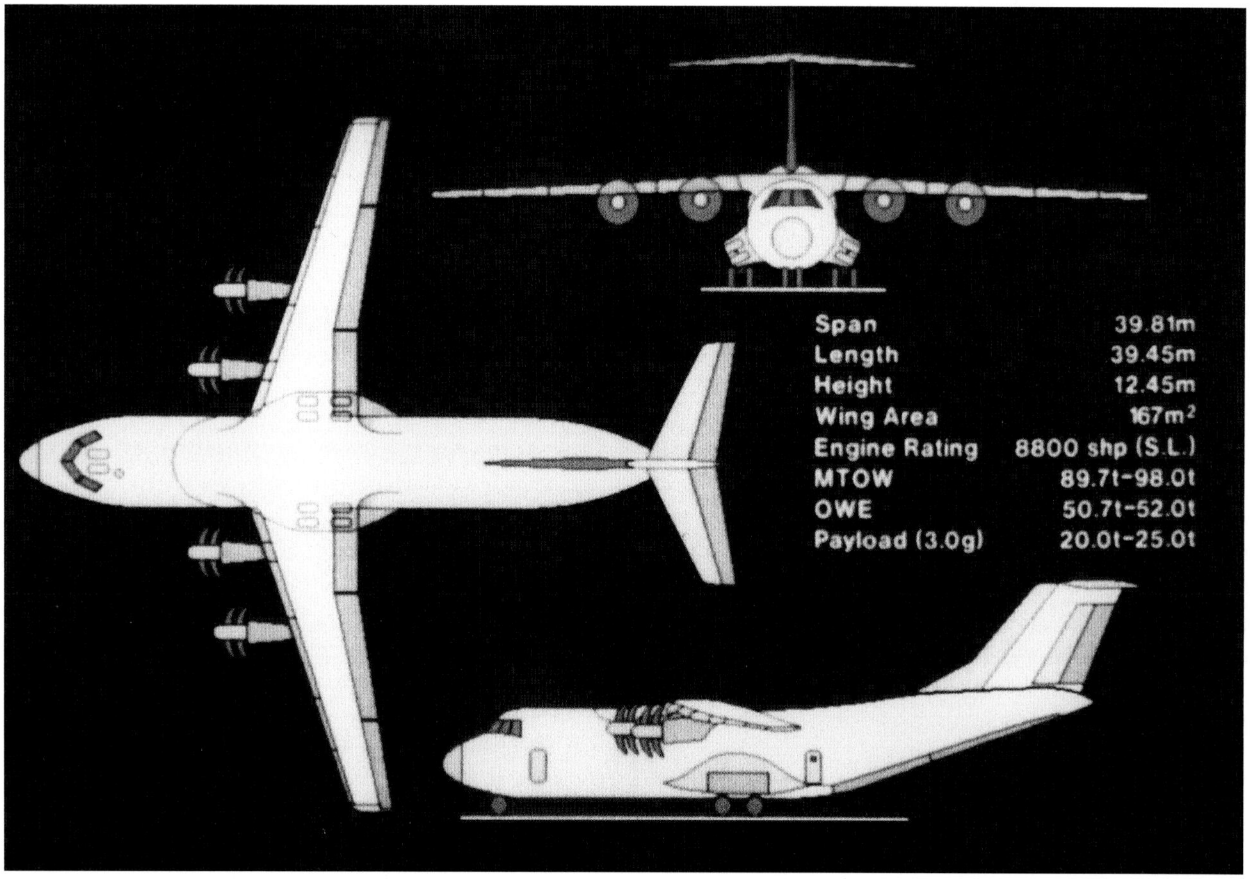

Airbus Defence and Space

EuroFLAG

Am 6. Juni 1989 gab Aérospatiale bekannt, dass sich die sechs europäischen Mitglieder der FIMA dazu entschlossen hatten, ein neues Konstrukt ins Leben zu rufen. Gleichzeitig lief die Zusammenarbeit mit Lockheed aus. Als Gründe für den Ausstieg wurden von den Amerikanern finanzielle Probleme angegeben, die durch die zeitgleichen Programme C-17 und ATT verursacht wurden. Diese ließen der USAF wenig Spielraum für die zusätzliche Entwicklung eines taktischen Transporters zur Ablösung der C-130H.

Mit der Neustrukturierung sollte das Vorhaben auf eine ausschließlich europäische Grundlage gestellt und die Entscheidungswege innerhalb des Programms vereinfacht werden. Gleichzeitig gewann das Projekt an politischer Bedeutung, da es als wichtiger Schritt zum Ausbau einer eigenständigen europäischen Luftfahrt- und Rüstungsindustrie angesehen wurde.

Im Juli 1991 wurde aus der noch existierenden Future International Military Airlifter-Gruppe durch die Aufnahme der OGMA (Portugal) und der TAI (Türkei) offiziell die EuroFLAG (European Future Large Aircraft). Zwischenzeitlich war ein Joint-Venture-Unternehmen mit Sitz in Rom gegründet worden, das die Entwicklung und den Bau der Maschine übernehmen sollte.

Die einzelnen, im Konsortium EuroFLAG zusammengeschlossenen Industrien waren folgende:

- Deutschland: Deutsche Aerospace Airbus (DA)
- Frankreich: Aerospatiale (AS)
- Großbritannien: British Aerospace (BAe)
- Italien: Alenia
- Spanien: CASA
- Portugal: OGMA
- Türkei: TUSAS
- Belgien: FLABEL

Am Kapital der EuroFLAG beteiligten sich neben der Deutschen Airbus die Firmen Aerospatiale, British Aerospace, Alenia und CASA. Unternehmen aus der Türkei und Portugal sowie die belgischen Firmen SONACA und SABCA erhielten den Status assoziierter Partner.

So stellte man sich im Jahre 1988 das zweisitzige Cockpit des viermotorigen Transportflugzeuges vor. Zu sehen schon mit Flachbildschirmen und Sidestick.

Airbus Defence and Space

Im Jahre 1991 wurde eine vorläufige »Machbarkeitsstudie« ausgearbeitet. Rund 90 Beschäftigte des Hamburger Airbus-Werks wurden mit der Erarbeitung eines Handbuchs für das geplante Flugzeug befasst. Diese einjährige Studie erbrachte mehrere mögliche Lösungen (Solutions) hinsichtlich der Antriebsauslegung:

- SOL 20: 4-mot Turbofan
- SOL 21: 4-mot Propfan
- SOL 22: 4-mot Turboprop
- SOL 23: 2-mot Turbofan

Zwischenzeitlich hatten die Nationen die Abstimmung über konkrete Anforderungen weitergeführt, sie billigten am 1. Juli 1993 das European Staff Target (EST) und beauftragten im Oktober das Konsortium EuroFLAG, eine Feasibility Study (FS - Machbarkeitsstudie) durchzuführen, die bis Mai 1995 zu einem Ergebnis führen sollte.

Nach Abschluss der ersten Phase der Machbarkeitsstudie, die sich mit der Auswahl eines Antriebskonzepts für das FLA befasst hatte, wurde im April 1994 im »Engine Type Selection Report« der Turboprop-Antrieb für weitergehende Flugzeugstudien empfohlen.

Das FIMA-Design-Konzept von 1988 hatte noch ein System favorisiert, bei dem die Triebwerke jeweils zwei gegenläufige Propeller auf einer Achse kombinieren sollten. Diese innovative Technologie war in der westlichen Industrie allerdings nicht ausreichend erforscht und wurde deswegen wieder fallengelassen.

Parallel zu den Studien schritten die politischen Gespräche und Entwicklungen voran. Im Rahmen der deutsch-französischen Gipfelgespräche mit Helmut Kohl und Jacques Chirac am 30. und 31. Mai 1994 in Mühlhausen, unterstrichen beide Seiten ihre Absicht ein militärisches Transportflugzeug nun ganz konkret zu realisieren. In einem in Mannheim stattfindenden Workshop sollte das weitere Vorgehen abgesprochen werden.

Der Abschlussbericht von EuroFLAG, immerhin 21 Bände, empfahl im Mai 1995 die SOL 56, einen 4-motorigen Turboprop, der dem A400M schon relativ ähnlich war, weiter zu verfolgen. Außerdem ermittelte die Firma EuroFLAG für Westeuropa einen Gesamtbedarf von 288 militärischen Transportflugzeugen im ersten Jahrzehnt des 21. Jahrhunderts.

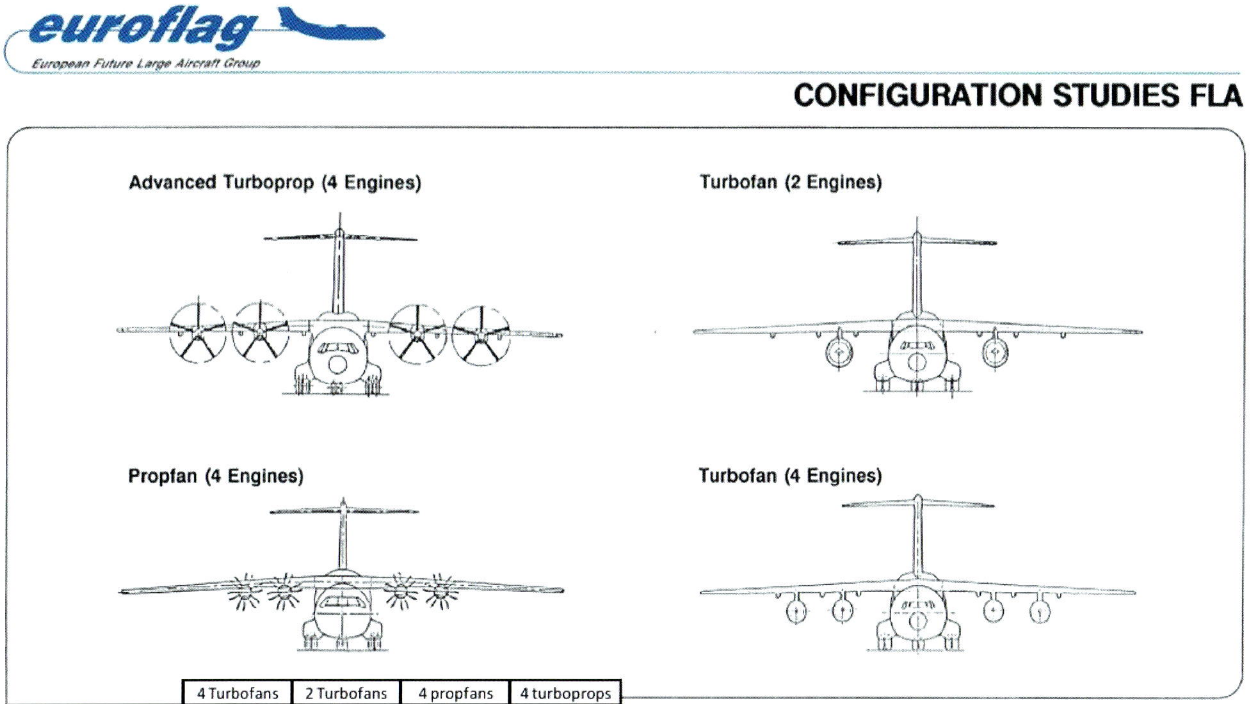

	4 Turbofans	2 Turbofans	4 propfans	4 turboprops
MTOW (Tons)	100.9	94.9	91.5	92.7
Mil TO distance (ft)	5000	5200	4000	4800
Mil Landing distance (ft)	2950	3200	3000	2700

Airbus Defence and Space

Im Jahre 1992 wurden nach einer einjährigen Studie diese vier Auslegungen (Solutions) konkretisiert.

Airbus Defence and Space

Ebenfalls aus dem Jahre 1992 datiert der Vorschlag SOL 23, ein zweimotoriges Turbofan-Frachtflugzeug.

Die Antonow An-70

Als Konkurrent zum FLA-Konzept kristallisierte sich das russisch/ukrainische Gegenstück, die Antonow An-70 heraus, die sich hinsichtlich Größe und technischen Voraussetzungen vergleichbar zeigte, allerdings als deutlich günstiger galt.

Trotz dessen wollte Bundesverteidigungsminister Rudolf Scharping schon im Jahre 1999 einen Milliardenauftrag über 75 Maschinen an den Airbus Konzern vergeben. Die Bonner Rüstungsabteilung bevorzugt dagegen eine Offerte, die von einem Konsortium deutscher Ausrüstungsfirmen (»Airtruck«) gemeinsam mit russischen und ukrainischen Unternehmen abgegeben worden war: eine Weiterentwicklung der in Osteuropa konzipierten Antonow An-70. Russen und Ukrainer würden die Flugzeuge auch in Deutschland, möglicherweise in Rostock, bauen. Das Angebot soll rund 25 Prozent günstiger als das von Airbus gewesen sein.

Bei der An-70 handelte es sich um ein militärisch/ziviles Mittel- und Langstrecken-Frachtflugzeug. Der Antrieb erfolgte durch vier gegenläufigen Propellerturbinen Progress D-27 von je 13.800 WPS bzw. 10.290 kW Leistung. Bei einem normalen Startgewicht von ca. 111 t besaß die Maschine eine Reichweite von über 5000 km. Sie wurde von einer dreiköpfigen Cockpit-Besatzung geflogen, hatte einen druckbelüfteten Frachtraum von 18,60 m Länge, eine Breite von 4,00 m sowie eine Höhe von 4,10 m.

Der erste Prototyp unternahm seinen Rollout am 20. Januar 1995, wobei die Flugerprobung aus Geldmangel erst am 16. Dezember 1995 beginnen konnte. Diese Maschine stürzte beim vierten Erprobungsflug am 10. Februar 1995 nach einer Kollision mit dem An-72-Begleitflugzeug über Borodjanka bei Kiew in einen Wald und explodierte. Am 24. April 1997 fand der Erstflug des zweiten Prototyps statt. Nach einer Bruchlandung im Jahre 2001 wurde die Maschine wieder repariert und führt weitere Erprobungsflüge durch.

Nicht alle beteiligten Staaten waren von der Einbeziehung von Antonow begeistert. Eine Nation lehnte sie anfangs sogar strikt ab. Auf einem NATO-Gipfel, »überzeugte« Verteidigungsminister Rühe jedoch seine Ministerkollegen aus Großbritannien, Italien,

Als Konkurrent zum FLA-Konzept, stellte sich die russisch/ukrainische Antonow An-70 heraus, die sich hinsichtlich Größe und technischen Voraussetzungen vergleichbar zeigte.

Überflug des ersten An-70-Prototypen, der am 10. Februar 1995 nach einer Kollision mit dem An-72-Begleitflugzeug über Borodjanka bei Kiew in einen Wald stürzte.

Spanien und Frankreich davon, sich mit der An-70 genauer zu befassen und eine Zusammenarbeit mit der Ukraine »ernsthaft« zu prüfen.

Kurz darauf trafen sich Präsident Jelzin, Bundeskanzler Kohl und Staatspräsident Chirac in Straßburg, dabei stand auch die An-70 mit auf der Tagesordnung.

Unabhängig davon orderte Italien Ende November 1997 bei Lockheed Martin 18 Lockheed C-130J im Wert von ca. einer Milliarde US$. Ende November fand ein Gipfeltreffen zwischen Bundeskanzler Kohl und Präsident Jelzin in Russland statt, wonach der Bundeskanzler ankündigte, dass Deutschland mit Russland bzw. mit der Ukraine ein neues Transportflugzeug bauen wolle. Hieran schloss sich im Dezember 1997 ein erstes Treffen zwischen Regierungs-

Antrieb der viermotorigen Maschine war eine gegenläufige Propellerturbine Progress D-27 von je 13.800 WPS bzw. 10.290 kW Leistung.

Die An-70 im Vorbeiflug auf der Internationalen Luftfahrtschau in Paris. Als zweiter Prototyp flog die Maschine erstmals am 24. April 1997.

vertretern der FLA-Nationen und Regierungsvertretern aus Russland und der Ukraine in Berlin an, mit dem Ziel abzuklären, inwieweit eine Kooperation bei der An-70 grundsätzlich machbar sein würde. Bereits im Januar 1998 reiste eine multinationale Delegation aus Behördenvertretern und Industrievertretern aus Deutschland, Frankreich, Großbritannien und Italien nach Kiew, um mit Antonow weitere Gespräche über eine mögliche Kooperation beim An-70-Programm zu führen. In einem Schreiben von Bundeskanzler Kohl und Staatspräsident Chirac an Präsident Jelzin und Präsident Kutschma vom Februar 1998 wurde erklärt, dass die Möglichkeit einer Kooperation noch im selben Jahr geprüft und eine Entscheidung im Jahr 1999 getroffen werden sollte. Konkret fanden Treffen auf verschiedenen Expertenebenen zwischen den FLA-Nationen und Vertretern der russischen und ukrainischen Regierungsseite, Antonow und Instituten und Zulieferern der An-70 statt. Weiterhin wurden Untergruppen für Programmablauf, ESR (European Staff Requirement), Systeme, Triebwerk und ILS gebildet, um den osteuropäischen Vertretern eine von eingestuften Daten bereinigte Fassung des ESR für das FLA zu übergeben.

Im weiteren Verlauf folgten zwei zusätzliche Untergruppen: eine für industriepolitische, wirtschaftliche und rechtliche Angelegenheiten sowie eine Arbeitsgruppe, die zusammen mit Antonow sowie mit Vertretern der russischen und ukrainischen Streitkräfte den Übereinstimmungsgrad der An-70 mit dem ESR feststellen sollte.

Im Rahmen der im Mai 1998 stattfindenden Internationalen Luftfahrt Ausstellung (ILA) in Berlin gab Airbus Industries (AI) bekannt, dass man nicht bereit sein würde, als Generalunternehmer für eine An-70 zu fungieren (was die Übernahme des kompletten Risikos bedeutet hätte), sondern maximal als Unterauftragnehmer zur Verfügung stehen würde. Um die Arbeiten am eigenen FLA-Entwurf nicht weiter zu gefährden, war Airbus nicht bereit, eine Kooperation mit Antonow weiter zu untersuchen. Deutschland ließ daraufhin unter Führung der DASA die Möglichkeit einer Kooperation mit westlichen Firmen und eines westlichen Generalunternehmers außerhalb von Airbus Industrie ausloten. Zwischenzeitlich besuchten Vertreter von Großbritannien, Frankreich, Belgien und Deutschland (als Beobachter) die Firmen Boeing in Long Beach (C-17) bzw. Lockheed Martin in Marietta (C-130J), um ihnen die Informationen für die Erstellung eines konkurrierenden Angebotes darzulegen. Ein Treffen mit gleichem Zweck fand bei Airbus Industrie in Toulouse statt. Im Rahmen der Farnborough-Airshow 1998 äußerte sich Bundeswirtschaftsminister Günter Rexrodt derart, dass unter den momentanen, katastrophalen wirtschaftlichen Verhältnissen in Russland, der Ukraine und der GUS eine Kooperation hinsichtlich der An-70 kaum machbar sein würde und AI/AMC mit ihrem FLA voll unterstützt werden sollte.

Die am 27. September 1998 stattfindende Bundestagswahl führte zu einem Regierungswechsel hin zu einer rot-grünen Koalition. Airbus teilte mit, dass man auf das RfP mit einem gemeinsamen Angebot antworten würde. Deutschland traf sich parallel mit Vertretern aus Russland und aus der Ukraine, um das RfP und MoU konkret zu besprechen. Im Oktober 1998 wurde das An-70-RfP offiziell an DASA, AS, ALENIA, CASA, MTA und Spanien, Italien und Frankreich herausgegeben. Daraufhin folgte im Januar 1999 das Angebot der An-70 vom russisch-ukrainischem Konsortium »Medium Transport Aircraft« (MTA) sowie von acht deutschen Firmen (die sich zu »AirTruck« zusammengeschlossen hatten und bei Bedarf »AN7x Industries« bilden wollten).

Im weiteren Verlauf des Jahres gaben Daimler Chrysler und Aerospatiale dann ihren Zusammenschluss auf dem Gebiet der Luft- und Raumfahrt bekannt. Das neue Unternehmen sollte EADS -European Aeronautic Defense and Space Company heißen.

Kurz darauf teilte Spanien offiziell mit, dass der A400M von ihnen ausgewählt worden sei. Dies erhöhte natürlich den Druck auf das An-70-Vorhaben. Noch im November wurde der deutsch-französische Bewertungsbericht über die beiden Muster An-70 und A400M über die Staatssekretäre an die Verteidigungsminister geleitet, die daraufhin in Paris erklärten, eine gemeinsame Entscheidung hinsichtlich der Entwicklung und Beschaffung eines neuen europäischen Transportflugzeugs treffen zu wollen.

Im Februar 2000 unterrichtete der französische Verteidigungsminister Alan Richard die Partnerstaaten, allerdings ohne vorherige Abstimmung mit Deutschland, dass Frankreich den A400M ausgewählt hatte. Im Mai zog Großbritannien nach und verkündete die Beschaffung von insgesamt 24 A400M (zuzüglich vier C-17). Da nun auch Belgien und die Türkei feste Stückzahlen für den A400M bekanntgaben, war nur noch die deutsche Beteiligung und die italienische Stückzahl offen. Verteidigungsminister Rudolf Scharping erklärt, dass noch vor dem Sommer über den Kauf eines Großraumflugzeugs entschieden werden sollte. Kurz darauf erschienen schließlich die Meldungen von AFP/Reuters, dass er sich für die Auswahl des A400M als europäische Lösung ausgesprochen hatte. Somit war das Ende des An-70-Vorhabens endgültig besiegelt.

Die Bewertung der Flugzeuge zeigte, dass die An-70 hinsichtlich Nutzlast, Geschwindigkeit, Reichweite sowie Lande- und Starteigenschaften die Anforderungen des ESR nicht nur erfüllte sondern teilweise sogar leistungsfähiger war. Einschränkungen gab es insbesondere bei der Cockpitauslegung (zu diesem Zeitpunkt war sogar ein Fünf-Mann-Cockpit vorgesehen). Weiterhin wurde die Triebwerkssteuerung, diverse Werkstoffe, Normen und weitere Zulassungskriterien bemängelt, die nicht den westlichen Anforderungen entsprachen und teilweise umfangreiche Neuentwicklungen erfordert hätten.

Dies waren aber nicht die Hauptgründe, das östliche Pendant nicht als neues europäisches Transportflugzeug in Betracht zu ziehen. Ausschlaggebend war für Deutschland letztlich das insgesamt zu große Risiko einer sehr langen industriellen Zusammenarbeit sowie Zweifel an der Aufrechterhaltung der erforderlichen technischen Unterstützung über Jahrzehnte hinweg. Diese Risiken wollten weder die DASA noch der öffentliche Auftraggeber übernehmen. Außerdem bestand das Ziel, eine europäische Unabhängigkeit bei der Neubeschaffung von Wehrtechnik zu erreichen. Folgerichtig gab Bundeskanzler Gerhard Schröder Anfang Juni 2000 im Rahmen eines deutsch-französischen Gipfels bekannt, dass Deutschland ebenfalls den A400M als Transportflugzeug beschaffen würde.

Weiterführung des FLA- bzw. FTA-Projekts

Im ESR 1996 noch als FLA bezeichnet wurde das Projekt nach der Unterzeichnung dann besonders in deutschen Planungspapieren als »Future Transport Aircraft« (FTA) bezeichnet, um den Gerüchten eines zu großen (large) Flugzeuges den Wind aus den Segeln zu nehmen. Beim Policy Meeting im September 1997 in Istanbul wurde ein FTA - Request for Proposal (RfP) vorläufig an die Industrie übergeben.

Das Jahr 1996 begann mit einer Verlautbarung Frankreichs, dass im Haushaltsentwurf für die nächsten fünf Jahre (1997 bis 2002) keine finanziellen Mittel mehr zur Verfügung stehen würden, um sich an der Entwicklung des FTA zu beteiligen, aber nach wie vor Bedarf an militärischen Transportflugzeugen, vorzugsweise aus europäischer Produktion, bestehen würde. Somit konnte Frankreich weder die Pre Development Phase (PDP) noch die Pre Launch Activities (PLA) finanzieren.

Konsequenterweise beschlossen die am FTA beteiligten Industrien im Juni 1996, die PLA zu 100 % vorzufinanzieren, um die nicht zur Verfügung stehenden französischen Entwicklungsmittel vollständig zu kompensieren. Ebenso konsequent wurden vom BMVg alle für die PDP bzw. PLA eingeplanten nationalen Entwicklungsmittel gestrichen, die auch nicht unerhebliche Gelder für begleitende Studien zur Risikominimierung enthielten.

Im April 1996 legte man folgenden Zeitplan zugrunde: Beginn der Vorentwicklungsphase 1996, Beginn der Entwicklungs- und Beschaffungsphase 1999, Erstflug 2002, Beginn des Serienzulaufs 2003/2004, Serienzulauf bei der deutschen Luftwaffe zwischen 2008 bis 2016.

Im Hamburger Entwicklungssimulator von Deutsche Airbus wurde 1996 im Auftrag des Bundesamts für Wehrtechnik und Beschaffung das Tiefflugverhalten des künftigen Militärtransporters getestet. Man kam zu dem Ergebnis, dass militärischer Tiefflug auch mit Airbus-Avionik möglich war.

Die Debatte um die Finanzierung des FTA war durch diverse Wendungen gekennzeichnet. Die Entwicklungskosten für den Transporter wurden 1995 auf insgesamt

Aus dem Jahre 1994 datiert der Vorschlag SOL 36A, ein viermotoriges Turboprop-Flugzeug (vier Transall Triebwerke), welches der A400M schon sehr nahekam.

Airbus Defence and Space

Auf der Farnborough Airshow war der FLA als Attrappe zu sehen.

acht Milliarden DM veranschlagt. Das Verteidigungsministerium erklärte im Oktober 1995 bis zum Jahr 2009 für die Entwicklung des Flugzeugs 4,3 Milliarden DM bereitstellen zu wollen. Im Februar 1996 wurde die Finanzplanung aber durch eine Erklärung Frankreichs über den Haufen geworfen: »Wir haben nicht die Mittel, uns an der Entwicklung dieser Maschine zu beteiligen«. Beim Treffen von Kohl und Chirac im Juni 1996 hieß es dann, beide Länder gingen nun davon aus, dass die Industrie ohne eine staatliche Übernahme von Entwicklungskosten ein Angebot für das FTA machen könnte.

Entsprechend wurden keine Mittel für das Militärprojekt im Bundesetat eingeplant. Die Entwicklung des Flugzeugs sollte in Verantwortung und mit den finanziellen Mitteln der Industrie erfolgen (»Commercial Approach«). Natürlich ließen sich die beteiligten Konzerne nur darauf ein, wenn die Regierungen feste Bestellverpflichtungen eingehen und somit eine Gewinnperspektive bieten würden. Nach dem Planungsstand von Oktober 1996 sollte der Bundeshaushalt erstmals im Jahr 2005 mit Ausgaben für den FTA belastet werden.

Zu denen, die auf eine baldige Realisierung des Kampfzonentransporters gedrängt hatten, gehörten, neben der Dasa-Führung, der Gesamtbetriebsratschef bei Deutsche Airbus, Erwin Hilbrink und prominente Sozialdemokraten, so Niedersachsens Ministerpräsident Gerhard Schröder und die bayerische SPD-Vorsitzende Renate Schmidt.

Der Hamburger Senat setzt sich 1995 dafür ein, dass das Werk Finkenwerder an der Produktion des Kampfzonentransporters beteiligt werden sollte.

Am 24. Juli 1996 genehmigte der Inspekteur der Luftwaffe, General Bernhard Mende, das ESR, welches schon sehr genau die Forderungen der Luftwaffen beschrieb.

Im Jahr 1996 wurden die inzwischen geänderten und ständig für Diskussionen sorgenden Anforderungen zu den European Staff Requirement (ESR) aktualisiert.

Im September 1997 legten sieben Staaten eine Angebotsaufforderung vor und entschieden sich im Dezember desselben Jahres grundsätzlich für das nun A400M genannte Flugzeug, wobei die bindenden Zusagen ausblieben.

Die ESR-Anforderungen deckten sehr viele Bereiche ab, sie erhielten Eingang in den Vertragsentwurf (insgesamt rund 2700 Einzelanforderungen).

Dazu gehörten:

- Allgemeine Merkmale (Missionsbedarf, Nutzlast, Hardpoints, Varianten und Optionen usw.).

- Designstandards und -kriterien (Lufttüchtigkeit, Beladung, Struktur, Sicherheit, Zuverlässigkeit, Umwelt, Lärm, Handhabung, Eigenschaften, Software, menschliche Faktoren, Wachstumspotenzial usw.).

- Spezielle Flugzeug-Eigenschaften
  - Missions- und Leistungsanforderungen, Überlebensfähigkeit, Verwundbarkeit,
  - Eigenschaften des Kampf- und Frachtraums (Boden, Rampe, Frachtumschlagsystem, Ladestation, Ausrüstung usw.)
  - Luftlieferungsoperationen (Lasten durch Schwerkraft oder Extraktion, Fallschirmjäger usw.)
  - Kommunikation, Navigation, Überwachung und Diagnose, Aufzeichnung, AAR- Subsysteme, DASS usw.

- Sonstige Anforderungen (Triebwerk, APU, Elektrik, Fahrwerk, Beleuchtung, Klimaanlage usw.).

Auch integrierter, logistischer Support (Bodenunterstützung, AGEs, Wartbarkeit, technische Dokumentation usw.) waren beinhaltet. Darüber hinaus wurden zusätzliche bracheninterne Anforderungen in einem »Top Level Aircraft Requirements Dokument« gesammelt.

Konfiguration und Triebwerksauswahl

Die Auswahl des Triebwerks richtete sich nach den spezifischen militärischen Anforderungen des A400M:

- Nutzlast/Reichweite. Beeinflusst durch das A/C-Gewicht (MTOW), das den Kraftstoffverbrauch einschloss.

- Spezifische taktische Anforderungen des A400M, hauptsächlich:
  - Kurze Start- und Landestrecken, beeinflusst durch Flügelintegrationseffekte und Rückwärtsschubfähigkeiten.
  - Maximale Reisegeschwindigkeit. Hohe Geschwindigkeit für Turboprop. Niedrige Geschwindigkeit für Turbofan.
  - Steilabstiegsfähigkeiten
  - Backup-Fähigkeiten am Boden

  Technische Vorteile wurden gegen das Gesamtrisiko des Projekts abgewogen, hauptsächlich Motoren, Propellerventilatoren und Propeller Bereitschaft sowie Verfügbarkeit.

Die endgültige Entscheidung für ein Turboprop-Triebwerk basierte auf:
- Propeller- und Propeller-Fan-Optionen weisen insbesondere hinsichtlich der taktischen Fähigkeiten bessere Eigenschaften auf.
- Die Auswahl zwischen Propellerventilator und Turboprop basierte auf der Verfügbarkeit der Technologie.

Auch wenn Propellerventilatoren (gegenläufige Propeller) eine bessere Leistung ermöglichten, wurde die Technologie (nur bei der An-70 eingesetzt) als zu risikoreich eingestuft.
- Es waren mehrere Turboprops mit bekannter Technologie im Einsatz.

Die endgültige Auswahl fiel somit auf ein Turboprop-Kerntriebwerk.

Parallel arbeiteten BMW/Rolls-Royce sowie MTU/Snecma/Fiat Avio an Turboprop-Triebwerken für den geplanten Militärtransporter. Bei einer Präsentation ihres BR710-TP-Triebwerks Ende Februar 1997 in Bonn wurde vermerkt, dass es dafür noch keine Abnahmegarantien gab. Um die Kosten im Rahmen halten zu können, wollte BMW und RR auf die BR700 Familie mit dem zehnstufigen Niederdruckverdichter, der hochmodernen Brennkammer und der zweistufigen Hochdruckturbine mit Einkristall-Schaufeln setzen. Parallel dazu hatte MTU, Snecma und Fiat Avio ihre Absicht bekräftigt,

Zur Auswahl für FLA hatte man das M138 als Kerntriebwerk von Snecma übernommen und mit MTU und Fiat Avio weiterentwickelt ...

... doch Im November 2000 wurde von EPI die TP400-Wellenturbine ausgewählt.

ein Triebwerk für den FLA anzubieten. Das deutsch-französisch-italienische Konsortium wählte für ihr Projekt M138 den Hochdruckteil des M88, welches in der Dassault Rafale Verwendung findet.

Im November 2000 wurde von EPI die TP400-Wellenturbine ausgewählt. Die Entscheidung von Airbus Military für das Gemeinschaftsangebot von MTU, Snecma, Rolls-Royce, Fiat, Avio und Techspace Aero war sicherlich auch politisch motiviert, hatte aber zumindest keine nennenswerten Nachteile gegenüber den Mitbewerbern. Man räumte aber ein, dass das aus verschiedenen Komponenten verschiedener Motoren zusammengesetzte, 7500 kW starke 3-Wellen-Triebwerk der kritische Pfad des Programms sein könnte.

Im Mai 2011 erteilte die Europäische Agentur für Flugsicherheit (EASA) die Zulassung für das TP400-D6-Turbopropriebwerk. Es war damit das erste militärische Triebwerk, das eine Zulassung nach zivilen Maßstäben erhielt.

Am 9. Juni 2000 verkündete die Politik während des 75. deutsch-französischen Gipfels zwischen Staatspräsident Jacques Chirac und Bundeskanzler Gerhard Schröder in Mainz, die Entscheidung zugunsten des erstmals Airbus A400M bezeichneten Flugzeugs. Deutschland plante 73, Frankreich 50 Flugzeuge abzunehmen.

Während der Farnborough Airshow im Jahr 2000 bekundeten die beteiligten Verteidigungsminister im Rahmen der »Farnborough Declaration« eine Absichtserklärung hinsichtlich der zu beschaffenden Stückzahlen:

Deutschland (73), Frankreich (50), Spanien (27), Türkei (26), Großbritannien (25), Italien (16), Belgien (7+1). Somit eine Gesamtanzahl von 225 Flugzeugen.

Eines der belgischen Flugzeuge war für Luxemburg bestimmt und Portugal beabsichtigte nach seinem Ausstieg 1998 wieder zum Programm zurückzukehren und sechs bis acht Flugzeuge zu kaufen.

Die Nationen wollten das Projekt über die »Organisation for Joint Armament Cooperation« (OCCAR) managen lassen, die Programmleitung (Program Division, PD) sollte in Toulouse beheimatet sein.

OCCAR-Convention

Die OCCAR ist eine internationale Organisation, mit der Aufgabe, multinationale Rüstungsvorhaben zu managen. Ihr Hauptsitz befindet sich in Bonn, weitere Dependancen bestehen in Paris, Madrid, Sevilla, Hallbergmoos (bei München), Rom, La Spezia und Castellammare di Stabia. Zurzeit beschäftigt die OCCAR etwa 360 Mitarbeiter (2023). OCCAR-EA Direktor ist seit dem 1. Februar 2023 Joachim Sucker (Deutschland).

Im Vordergrund stand dabei die Weiterentwicklung der europäischen Sicherheits- und Verteidigungspolitik und die Bildung einer kohärenten und gemeinsamen europäischen Lufttransportflotte. Noch im Oktober 2000 wurde ein aus acht Personen bestehendes, internationales »Interim International Programme Office« (IIPO) in Toulouse eingerichtet. Das IIPO, unter deutscher Leitung, sollte den Vertragsabschluss vorbereiten und ggf. mit einer Lead Nation (UK oder GE) im Namen der anderen Nationen abschließen, da die OCCAR hierzu wegen der noch nicht von allen beteiligten Nationen ratifizierten »OCCAR-Convention« nicht vollständig handlungsfähig war. Nachdem die »OCCAR Convention« in Italien vom Parlament ratifiziert worden war, stand der eigenen Rechtspersönlichkeit der Organisation nichts mehr im Wege. Noch im Dezember 2000 entschied die OCCAR offiziell, den A400M zu integrieren und dabei als Agent im Namen der Abnehmernationen zu handeln.

Im Januar 2001 beschloss Portugal sich der Farnborough Declaration anzuschließen und wurde als weitere Partnernation aufgenommen. Im Juni desselben Jahres übernahm die OCCAR offiziell das Programm in ihrer Rolle des Kunden-Vertragspartner zur Industrie. Am 19. Juni 2001 wurde im Rahmen der Le Bourget Airshow das MoU zur Entwicklung und Beschaffung des A400M unterzeichnet, es enthielt nun folgende Lieferanzahlen: Belgien (7), Luxemburg (1), Deutschland (73), Frankreich (50), Großbritannien (25), Spanien (27) und Türkei (10) und Italien (16). Portugal (3) wollten später unterzeichnen. Die Gesamtstückzahl würde somit 212 Flugzeuge betragen. Nicht sehr viel später, im Oktober 2001, teilte Italien allerdings überraschend mit, dass es aus dem A400M-Programm aussteigen würde.

Trotz aller Widrigkeiten kam es am 18. Dezember 2001 endlich zur endgültigen Vertragsunterzeichnung durch die Verteidigungsminister. Nach dem Ausstieg Italiens umfasste das Programm nun 196 Flugzeuge. Doch der Vertrag konnte zunächst nicht in Kraft treten: Ausgerechnet Deutschland, genauer gesagt der Deutsche Bundestag, verweigerte die Zustimmung zur Finanzierung des Programms.

Es folgte ein eineinhalbjähriges Tauziehen zwischen Regierung und Opposition und auch Militär und Industrie. Teile der Politik stellten die Notwendigkeit des Transporters in Frage, bemängelten die hohen Kosten und die Abhängigkeit von Airbus. Fakt war aber, dass ein strategischer Lufttransport mit der Transall nicht ansatzweise mehr möglich war, und somit, sollte man diese Fähigkeit erhalten oder herstellen wollen, dringend Handlungsbedarf bestand, zumal sich die Bundeswehr zu dieser Zeit mehr auf Transport-Kapazität fordernde Auslandseinsätze fokussiert hatte. Die anschließenden intensiven Diskussionen und Beratungen führten schließlich zu einem Kompromiss: einer weiteren Reduzierung der deutschen Bestellung auf 60 Flugzeuge (53 Festbestellungen und sieben Optionen) mit einem Gesamtvolumen von 8,3 Mrd. Euro.

Nachdem der Haushaltsausschuss des Deutschen Bundestages am 21. Mai 2003 grünes Licht gegeben hatte, konnte schließlich am 27. Mai 2003 in Bonn der endgültige Vertrag durch Bundesverteidigungsminister Peter Struck, den Parlamentarischen Staatssekretär Hans Georg Wagner, Staatssekretär Peter Eickenborn, Abteilungsleiter Haushalt Rüdiger Wolf und Hauptabteilungsleiter Rüstung Jörg Kaempf unterschrieben werden. Im Gesamtvertrag waren nun 180 Flugzeuge zugrunde gelegt, da sich Portugal in der Zwischenzeit gegen das Flugzeug entschieden hatte und aus dem Projekt wieder ausgestiegen war. Das internationale Programmbüro (IIPO) erhielt nun das Verhandlungsmandat, den Vertrag mit der Industrie auf Basis der neuen Stückzahlen auszuhandeln. Vorgabe der Programmpartner war dabei, dass die Reduzierung der Stückzahl keine Erhöhung des Stückpreises zur Folge haben durfte. Im selben Monat wurde zudem das Triebwerk eines europäischen Konsortiums für die Maschine ausgewählt, obwohl Pratt & Whitney Canada ein attraktives Angebot vorgelegt hatte.

Von nun an wurde in zahlreichen nationalen und internationalen Arbeitsgruppen auf allen Ebenen – bei der OCCAR, der Industrie und den Nationen, mit den Luftwaffen und auf Amtsseite – an der Detaillierung der Spezifikationen und der Klärung zahlreicher konkreter Fragen gearbeitet, um das Programm erfolgreich durchführen zu können. Am 8. Dezember 2005 orderte Malaysia als erster Exportkunde vier A400M.

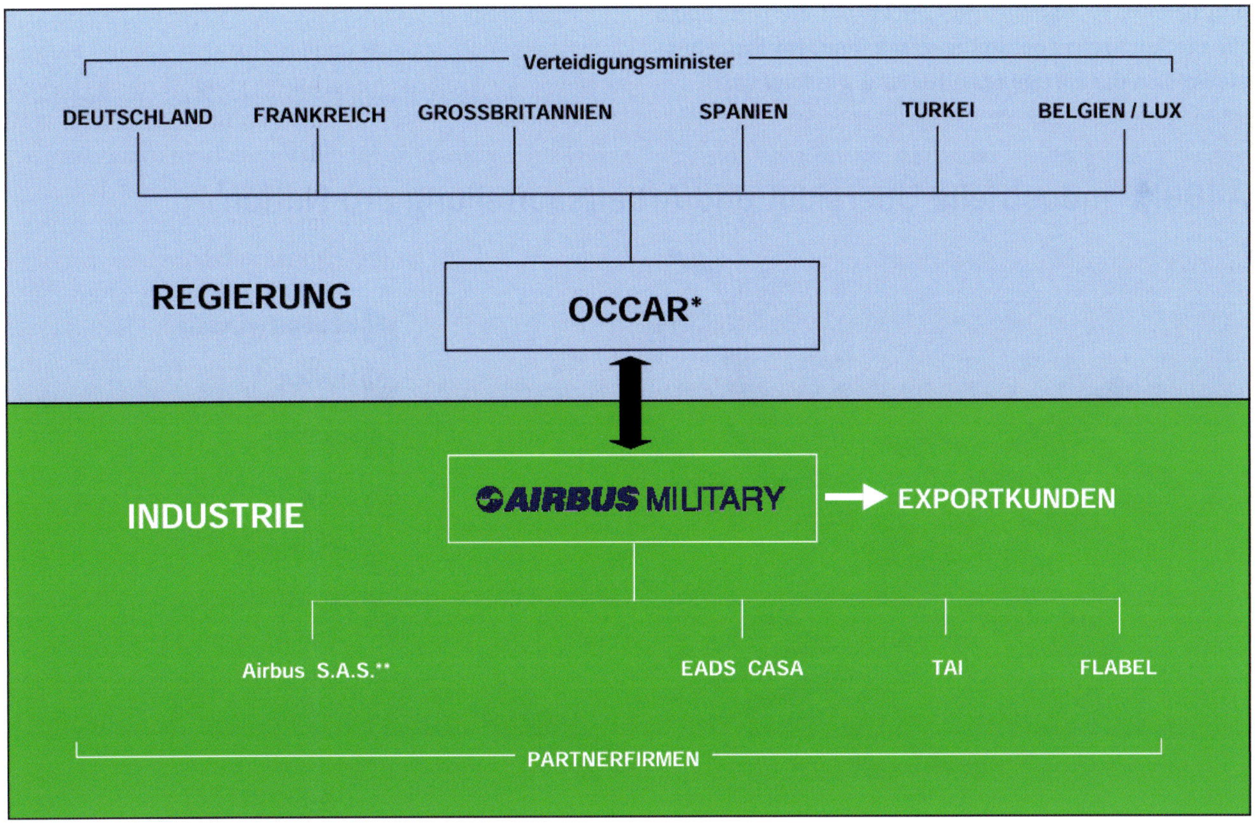

Zusammenarbeitsorganisation zwischen OCCAR und Industrie. Airbus Military bestand von April 2009 bis Januar 2014.

* Organisation Conjointe de Coopération en Matière d'Armement
** Airbus S.A.S. repräsentiert Airbus Deutschland, Airbus U.K., Airbus España und Airbus France

Fertigungsaufteilung

Natürlich spielten die jeweiligen Arbeitsanteile mit dem damit verbundenen Rückfluss der Wertschöpfung zwischen den Nationen eine wichtige Rolle. Die Messgröße für die Aufteilung ist Gewicht in Kilogramm, unterteilt in Primär- und Sekundärstruktur sowie Systeme. Airbus musste also entsprechende Berechnungen anstellen, um eine akkurate Grundlage für die Zuordnung der Arbeitspakete zu haben. Weiterhin spielte die Anzahl der bestellten Flugzeuge eine wichtige Rolle. Natürlich orientierte man sich bei der Arbeitsaufteilung an den bestehenden Produktionsanteilen für die zivilen Programme, wie z. B. Cockpitsektion und Systeme (Frankreich), Rumpf und Kabine (Deutschland) und Flügel (Großbritannien). Aufgrund der großen Flugzeuganzahl für Deutschland konnte man für Airbus-Standorte einen größeren Anteil realisieren. So wurde der Rumpfanteil der Sektion 15, sonst ein traditioneller französischer Bauanteil, Airbus Deutschland zugeordnet. Gesetzt war die Endmontage des A400M in Sevilla. Damit waren die wesentlichen Rahmenbedingungen für die Verteilung der industriellen Beteiligung zwischen den beteiligten Nationen festgelegt und die Grundlage für die konkrete Zuordnung geschaffen. Im Einzelnen stellte sich die Fertigungsaufteilung wie folgt dar:

- Belgien, FLABEL: Flugvorderkante, Klappen (zusammen mit Airbus UK, Airbus Deutschland), Klappenführungsschienen, Hauptfahrwerksklappen.
- Deutschland, Airbus Deutschland: Flügelbeplankung, Mittelrumpf, Frachtraumausrüstung, Vormontage des Rumps, Seitenleitwerk, Klappen, 30% Heck und Montage.
- EADS Deutschland, 30 % des Hecks und Montage.
- Frankreich, Airbus France: Mittelflügelkasten, Rumpfnase Cockpit, Bugfahrwerksschacht, Triebwerksaufhängung, Seitenruder, Flügel- Rumpfverkleidung, Cockpitausrüstung.
- EADS France, Laderampe.
- Großbritannien, Airbus UK: Flügel (inkl. Montage), Klappen.
- Spanien EADS CASA: Endmontage, Höhenleitwerk, Triebwerksverkleidung, Verkleidung der Klappenführungsschienen, Höhenruder.
- Türkei TAI (Turkish Aerospace Industries): Vorderes Rumpfteil, 20 % Heck, Querruder und Spoiler.
- Südafrika: (Denel und Aerosud): Rumpfoberschale, Innenverkleidungen für den Laderaum, Bordküche.

A400M Industrielle Übersicht und Arbeitsaufteilung pro Nation

Airbus Defence and Space

Airbus Defence and Space

Die Fertigung der Prototypen in Sevilla hat begonnen.

Airbus Defence and Space

Rollout des ersten Prototypen (MSN001).

Jungfernflug der MSN001 (F-WWMT) am Freitag, dem 11. Dezember 2009, in Sevilla.

Airbus Defence and Space

Südafrika war, wie auch die Türkei, ein Entwicklungspartner aufgrund des konkreten Kaufinteresses von acht A400M. Nachdem Südafrika später keine Flugzeuge abnahm, wurden auch die Produktionsanteile anderweitig verteilt.

Hinsichtlich der Entwicklung des Transporters griff Airbus Military auf die vorhandenen Airbus-Strukturen zurück. Unter Programmchef Adolfo Revuelta bestanden sechs Aircraft Component Management Teams (ACMT), die für ihre einzelnen Bereiche verantwortlich waren: Flügel, Airbus UK; Rumpf Airbus Deutschland; Triebwerk EADS CASA, bei den Systemen Airbus France; bei militärischen Systemen EADS Bereich Ulm und Endmontage EADS CASA.

Der Bau des ersten Prototyps startete Ende des Jahres 2007, schon ein Jahr später sollte eigentlich die Serienproduktion beginnen. Allerdings zogen zu diesem Zeitpunkt erste dunkle Wolken auf, denn das Programm entpuppte sich, wie zu erwarten war, zu einem technisch extrem anspruchsvollen Vorhaben, nicht zuletzt aufgrund der ehrgeizigen Nutzer-Spezifikationen, z.B. hinsichtlich der geforderten taktischen Fähigkeiten. Gleichzeitig hatte Airbus kaum Erfahrung mit einem militärischen Transportflugzeug dieser Größe. So kam es nicht völlig unerwartet, dass Carlos Suarez, der CEO der Airbus-Militärsparte, am 22. April 2008 deutlich höhere Kosten von 1,4 Mrd. Euro und eine Verschiebung des Zeitplans ankündigte. Der Schwerpunkt der technischen Herausforderungen lag bei den Triebwerken, insbesondere bei der Zulassung der digitalen Überwachungs- und Regelsoftware (FADEC). Entsprechend plante man den Erstflug erst gegen Ende des Jahres 2009.

Die Arbeiten gingen aber intensiv weiter und so konnte der Rollout des ersten A400M-Protypen (MSN001) in Sevilla am 26. Juni 2008 stattfinden.

Die Herausforderungen blieben bestehen, und so wurde Anfang des Jahres 2009 bekannt, dass Airbus eine komplette Überarbeitung des 20-Mrd.-Euro-Festpreises für 180 Flugzeuge anstrebte. Airbus schätze zu diesem Zeitpunkt ein, dass weder das geplante Leergewicht noch die geforderte Nutzlast erreichbar war. Weiterhin wurde wiederrum die Triebwerkssoftware hervorgehoben. Auch die Laderampe, die ja das Gewicht eines gepanzerten Fahrzeugs tragen sollte, bereitete Kopfzerbrechen. Darüber hinaus befürchtete Airbus, durch Simulationen bestätigt, dass es bei den als »Sara-

AIRBUS MILITARY

A400M: Countdown to First Flight

11. Dezember 2009

Mittwoch, den 9. Dezember 2009

Sehr geehrte Dame, sehr geehrter Herr,

Wir freuen uns, Ihnen mitteilen zu dürfen, dass der Erstflug unserer A400M nun für Freitag, den 11. Dezember 2009 morgens angesetzt ist.

EADS CEO Louis Gallois, Airbus CEO Tom Enders und ich möchten Sie deshalb herzlich dazu einladen, gemeinsam mit uns diesen wichtigen Programm Meilenstein in unserem Airbus Military Werk "San Pablo" in Sevilla mitzuverfolgen.

Für den Fall, dass Sie uns Ihre Zu- oder Absage noch nicht mitgeteilt haben, dürfen wir Sie freundlichst darum bitten, uns mit der Auswahl des nachstehenden elektronischen Links über Ihre entsprechende Zu- oder Absage zu informieren. Sobald wir Ihre Antwort erhalten haben, wird Sie unsere Kommunikationsabteilung über den genauen Verlauf informieren.

Wir würden uns sehr darüber freuen, Sie in Sevilla begrüßen zu dürfen und verbleiben

Mit herzlichsten Grüßen

Domingo Ureña
Präsident

Airbus Defence and Space

Beim historischen Erstflug des Airbus A400M am 11. Dezember 2009 bestand die sechsköpfige Besatzung aus dem militärischen Cheftestpiloten und Kapitän Edward Strongman und Ignacio Lombo, Copilot und Testpilot sowie vier spezialisierten Flugingenieuren für Antriebe, Bordsysteme und Testausrüstung: Flugingenieur Jean-Philippe Cottet (Triebwerke), Flugingenieur Eric Isorce (Bordsysteme/Projektleitung), Flugingenieur Didier Ronceray und Flugingenieur Gerard Leskerpit (Testausrüstung).

Nach dem erfolgreichen Erstflug wurde der erste A400M auf dem Vorfeld der Airbus-Fertigung in Sevilla begeistert empfangen.

jevo-Approach« bezeichneten Steilanflügen zu Propellerflattern kommen könnte.

Aufgrund dieser schwerwiegenden technischen Herausforderungen und den schwindenden Profitabilität des Produktes, stellte Airbus im Februar 2009 die Realisierung des Programms offen infrage. Allerdings hätte eine mögliche Einstellung für beide Seiten enorm negative Auswirkungen gehabt. Die bisherigen Entwicklungskosten von Airbus, die ja über den Flugzeugpreis teilweise abgedeckt werden sollten, wären größtenteils verloren gewesen. Für die Kunden wäre dies ebenfalls eine Katastrophe gewesen, da die dringende Beschaffung eines Militärtransporters wieder von vorn hätte beginnen müssen. Die intensiven Beratungen und Verhandlungen führten dazu, dass die Verteidigungsminister der beteiligten Länder trotz der angekündigten Programmverzögerung inklusive Kostensteigerung am 24. Juli 2009 ein Festhalten am Programm bekräftigten. Innerhalb des nachfolgenden Jahres sollten die Details mit Airbus verhandelt werden. Verglichen mit der ursprünglichen Planung rechnete man mit einer Verzögerung um bis zu vier Jahre.

Durch die Verzögerung des Erstflugs, ca. ein Jahr später als geplant, wurde auch die Erstauslieferung zunächst um mindestens sechs Monate verschoben. Sicherlich eine zu optimistische Planung. Frankreich sollte nun im Frühjahr 2010 den ersten A400M erhalten, die Bundeswehr im Jahr 2011 zum Zuge kommen.

Testprogramme

Die Grundvoraussetzung für eine erfolgreiche Luftfahrzeug-Qualifikation besteht aus einem umfangreichen Testprogramm am Boden und in der Luft. Die ursprüngliche Planung umfasste insgesamt 4370 Flugstunden, davon 1850 Stunden für zivile, 2520 Stunden für militärische Zulassungsanteile. Hierfür sollten sechs fliegende Prototypen und zwei Testzellen (MSN5000 und MSN5001) für statische Erprobungen und Ermüdungsversuche dienen. Die Bodenerprobung an der MSN5000 begann am 12. März 2008 in Getafe bei Madrid.

Die Prototypen

Serien-Nr.	Kennung	Erstflug	Anmerkung
MSN001	F-WWMT	11. Dez. 2009	Erstflug der A400M, generelles Flugverhalten, Flattererprobung, Festlegung der Beschleunigungsgrenzen. Der Prototyp wurde nach 475 Flügen mit knapp 1445 Stunden am 4. November 2013 aus dem Testprogramm herausgenommen und abgestellt.
MSN002	EC-402	8. Apr. 2010	Erprobung der Flugleistungsparameter, Flüge für die zivile Zulassung, Starts und Landungen auf unbefestigten Pisten.
MSN003	F-WWMS	9. Juli 2010	Abstimmung des Autopiloten, Tests mit unterschiedlichen Kraftstoffsorten und -temperaturen, Erprobung des Hydrauliksystems und der Navigationsanlagen, Kälteerprobung. Airbus teilte Anfang November 2013 mit, dass MSN 003 nicht mehr für das Testprogramm gebraucht wird.
MSN004	EC-404	20. Dez. 2010	Luft-Luft-Betankung, Beladung und Beförderung von Fracht.
MSN005			MSN005 wurde nicht gebaut.
MSN006	F-WWMZ/EC-406	20. Dez. 2011	Das erste Flugzeug befand sich nahezu im Serienzustand. Erprobung des Zusammenspiels der Komponenten, Verbrauchs- und Zuverlässigkeitstests, Versuche zur elektromagnetischen Verträglichkeit der Systeme, Kaltwettertests und Entwicklung der Frachtladesysteme.

Airbus Defence and Space/S. Ramadier

Zu den diversen notwendigen Testkampagnen gehörte die Evaluierung der Selbstschutz-Anlage.

Ein wichtiger Meilenstein, der Start der Bodentests des ersten Prototyps MSN001 (F-WWMT), wurde am 3. September 2009 erreicht. Der lange angestrebte Erstflug fand noch im selben Jahr am 11. Dezember 2009 in Sevilla statt. Er dauerte 3 Stunden und 47 Minuten. Das Abfluggewicht betrug 127 Tonnen, davon 13 Tonnen Testflugausrüstung und zwei Tonnen Wasserballast. Das Testflugteam bestand aus dem militärischen Cheftestpilot Edward Strongman, dem Testpilot Ignacio Longo und den Flugingenieuren Jean-Philippe Cottet, Eric Isorce, Didier Ronceray und Gerard Leskerpit. Insgesamt verlief der Flug erfolgreich, allerdings musste ein Triebwerk in Leerlauf gebracht werden, nachdem einer der Steuerungscomputer einen Fehler erkannt hatte.

Als militärischer Transporter mit vielen taktischen Fähigkeiten konnte Airbus nicht völlig auf die Verfahren aus der zivilen Welt zurückgreifen. Deswegen wurde an den Standorten Sevilla und Toulouse eine dezidierte Test-Infrastruktur geschaffen. Vier Telemetrie-Stationen in Frankreich sowie drei in Spanien deckten dabei einen großen Luftraum ab. Dazu kamen weitere mobile Stationen. Die erhaltenen Daten konnten in drei Kontrollräumen in Toulouse und zwei in Sevilla ausgewertet werden. Der mit 22 Tonnen Testinstrumentierung ausgerüstete erste Prototyp MSN001 verlegte am 9. März 2010 nach Toulouse. Mit diesem Flugzeug wurden zunächst über 70 Überziehversuche durchgeführt. In diversen Tiefflügen (unter 15 m) wurden weitere Kalibrierungen der Geschwindigkeitsmesser vorgenommen. Zudem standen Versuche mit der Heckklappe am Boden und in der Luft auf dem Programm. Mit dem zweiten Prototyp MSN002 wurden hauptsächlich Leistungsmessungen und eine sehr detaillierte Erprobung der TP400-D6-Triebwerke durchgeführt. Es begann am 18. März 2010 in Sevilla mit den Bodentestläufen. Am 8. April 2010 erfolgte der Erstflug. Im Mai 2010 schloss sich MSN003 (F-WWMS) gefolgt von MSN004 (EC-404) im Januar 2011 an.

Nachdem die fünfte Vorserienmaschine gestrichen worden war, nicht zuletzt um den aus dem Ruder laufenden Kosten entgegenzuwirken, folgte mit der MSN006 im Dezember 2011 der letzte von fünf Prototypen mit bereits seriennahem Bauzustand. Mit den einzelnen Flugzeugen wurden unterschiedliche Erprobungsschwerpunkte verfolgt, sodass mehrere Testkampagnen parallel durchgeführt werden konnten. Dadurch ließ sich die Vielzahl der für die zivile und militärische Zulassung erforderlichen Nachweise effizienter erbringen. Bis zum Abschluss der Flugerprobung kamen mehrere tausend Flugstunden zusammen, in denen das Flugzeug unter unterschiedlichen Einsatz- und Umweltbedingungen getestet wurde.

Tests in sehr kalter Umgebung gehören zum Zulassungsprogramm.

Airbus Defence and Space/S. Doumenjou

Stelldichein: Seltener Formationsflug aller fünf A400M-Prototypen. Aktuell ist nur noch die MSN006 im Flugbetrieb.

Airbus Defence and Space

Airbus Defence and Space/S. Ramadier

Ist eine sichere Landung auch bei extrem nasser Landebahn möglich? All dies gilt es als Teil der Zulassung zu demonstrieren.

Airbus Defence and Space/P. Pigeyre

Selbst auf einem Grasuntergrund musste sich der A400M beweisen.

Vertragsanpassungen

Parallel liefen die Verhandlungen zwischen Airbus und der Industrie darüber weiter, wie die geschätzten Mehrkosten von insgesamt fünf bis elf Milliarden Euro gedeckt oder kompensiert werden können. Airbus bestand weiterhin auf einen substanziellen Beitrag der Nutzerstaaten, nicht zuletzt, da das multinationale, europäische Triebwerk, das ja eine politische Forderung gewesen war, angeblich ein maßgeblicher Kostentreiber des Programms darstellte. Ursprünglich forderte Airbus zusätzlich zwei Milliarden Euro von den Kunden. Dies wollte man durch einen entsprechend höheren Flugzeugpreis erreichen. Nicht nur der Preis, sondern auch die Liefertermine und die garantierten Fähigkeiten des Flugzeugs mussten in einen neuen Vertrag gegossen werden. Letztendlich sagten die Kunden zusätzliche Zahlungen von 1,5 Mrd Euro zu und akzeptierten einen neuen Auslieferungsplan. Darüber hinaus stimmte man einer gewissen Entlastung hinsichtlich des geforderten Fähigkeits-Standards zu. Eigentlich waren zwei Entwicklungsstandards zugesichert worden, Initial Operating Clearance (IOC) und Standard Operating Clearance (SOC). Nun wurden die Zwischenentwicklungs-Standards SOC 1, SOC 1,5, SOC 2, SOC 2,5 und SOC 3 etabliert. SOC 3 war somit als finaler Entwicklungsstandard definiert, der alle vertraglich zugesicherten Fähigkeiten aufweisen sollte. Um die Kosten auf deutscher Seite zu kompensieren, drehte man einmal mehr an der Flugzeuganzahl. Nur noch 53 Maschinen sollten beschafft werden. Die zuvor vereinbarten sieben Optionen entfielen. Weiterhin verzichtete man auf die Forderung des vollautomatischen Tiefflugs.

Die Möglichkeit auf unbefestigten Bahnen zu landen und zu starten war ein wichtiges Entwicklungskriterium für den A400M. Natürlich muss der Nachweis dieser Fähigkeit als Teil des Erprobungsprogramms erbracht werden.

Airbus Defence and Space

Airbus Defence and Space

Lastenabwurf aus der MSN004. Ebenfalls ein sehr wichtiges Nachweisprogramm.

Airbus Defence and Space

Auch die Luft-Luft-Betankung stellte ein Schwerpunkt der Fähigkeits-Evaluierung dar. Hier sind die Prototypen 2 und 4 zu sehen.

Die neue Zeitplanung hinsichtlich der ersten Serienmaschine, sie war für die Armee de l'Air vorgesehen, sah den Baustart gegen Ende 2010 vor und eine Auslieferung im Jahr 2013. Der erste A400M für die Luftwaffe sollte im Jahr 2014 folgen, bis 2020 sollten alle Maschinen an die Luftwaffe übergeben worden sein.

Bei Airbus in Bremen begann im November 2010 tatsächlich die Produktion der ersten Serienmaschine MSN007. Einen Tag zuvor war der Rumpf von Bremen kommend in Sevilla eingetroffen. Tragflächen und die Bugsektion befanden sich schon seit dem 26. Oktober 2011 bei der spanischen Airbus-Tochter. Parallel verringerte Deutschland ein weiteres Mal die Anzahl der gewünschten Flugzeuge von 53 auf nur noch 40 Stück. Man hatte die Idee, die nicht abgenommen Flugzeuge über den Hersteller als Exportflugzeuge weiter zu vermarkten. Die Kosten und das Risiko für diese Maschinen verblieben allerdings bis zum erfolgreichen Weiterverkauf beim Bund. Diese neuerliche Reduzierung führte zu offenem Ärger in Frankreich, denn nun wollte Deutschland auf einmal weniger Flugzeuge als Frankreich abnehmen. Die ursprüngliche Produktionsaufteilung passte nicht mehr zusammen.

Am 6. Juli 2012 wurde dem A400M im Rahmen der Veranstaltung Royal International Air Tattoo (RIAT) offiziell der Name »Atlas« für die britische Luftwaffe verliehen.

Auslieferung und Inbetriebnahme des A400M bei den Kunden

Am 13. März 2013 erteilte die EASA die Typenzulassung für den A400M. Kurz zuvor, am 6. März, hatte der Jungfernflug der ersten Serienmaschine (MSN007), die für die französische Luftwaffe vorgesehen war, stattgefunden. Eigentlich sollte die Übergabe im 1. Quartal 2013 erfolgen, doch diverse technische Themen, insbesondere mit den Triebwerken, verzögerten die Auslieferung. Diese erfolgte schließlich am 2. August 2013. Damit begann nach einer langen und schwierigen Entwicklungsphase endlich der reguläre Betrieb des A400M bei den ersten Nutzern. Als Standort der A400M war Orléans-Bricy vorgesehen. Am 6. November 2013 folgte schon die zweite Maschine (MSN008) für die FAF. Zu diesem Zeitpunkt befand sich die erste deutsche Maschine (MSN018) schon in der Fertigung. Geplante Auslieferung war für Ende 2014 avisiert. Im Februar 2014 trafen die Großkomponenten in Sevilla ein und die Endmontage konnte beginnen. Am 14. Oktober erfolgte der Erstflug. Knapp zwei Monate später, am 19. Dezember 2014, erfolgte schließlich die Übergabe und Überführung des ersten A400M für die Bundeswehr nach Wunstorf. Dort wurde die Überführungscrew unter anderem von Verteidigungsministerin Ursula von der Leyen empfangen.

Mit dem Zulauf des A400M bei den Luftwaffen herrschte nach der langen Wartezeit zunächst große Erleichterung, die allerdings schon bald einer gewissen Ernüchterung wich. Dass diverse Fähigkeiten erst sehr viel später zur Verfügung stehen würden und somit eine nur eingeschränkte Nutzung möglich sein würde, war akzeptiert worden. Allerdings zeigte sich die Maschine mit deutlichen Kinderkrankheiten behaftet, unter anderem spielten Fertigungs- und Qualitätsprobleme eine Rolle. Daraus resultierte eine zunächst sehr geringe Verfügbarkeit. Hinzu kam, dass die noch laufende Weiterentwicklung des Musters zahlreiche Nachrüstungen an bereits ausgelieferten Flugzeugen erforderlich machte, wodurch zusätzliche Kapazitäten in den Werften gebunden wurden. Am 9. Mai 2015 kam es zu einem tragischen Vorfall, als die MSN023 (EC-403) im Rahmen eines Abnahmefluges durch Airbus wenige Minuten nach dem Start in Sevilla abstürzte. Vier Besatzungsmitglieder starben dabei, zwei überlebten. Tags zuvor war eine neue Steuerungssoftware für die Triebwerke aufgespielt worden, die nicht einwandfrei funktionierte. Entsprechend konnte die Besatzung die Antriebe nicht wie gewohnt ansteuern. Das Flugzeug war für die türkische Luftwaffe vorgesehen gewesen. Auch dieser Vorfall beeinflusste den weiteren Auslieferungsplan negativ. Entsprechend stellten sich weitere Verzögerungen ein. So erhielt Deutschland erst elf Monate nach der 54+01 im November 2015 seine zweite Maschine (MSN029, 54+02).

Für Airbus galt es nun sehr zügig und mit großem Einsatz die Probleme des Anfangsflugbetriebs bei den Nutzern zu lösen und gleichzeitig die Erprobung und Zulassung der noch fehlenden Einsatzfähigkeiten voranzutreiben. Viele Themen galt es zu meistern, im Fokus standen z. B. Triebwerks- und Getriebeprobleme, Einschränkungen beim Frachtladesystem, Softwarethemen, etwa bei der Loadmaster-Workstation, und auch die Ersatzteilverfügbarkeit bereitete Kopfzerbrechen.

Airbus unterstützte daher die Betreiber mit festen Teams direkt vor Ort und arbeitete eng mit den Luftwaffen zusammen, um erkannte Schwachstellen möglichst schnell zu beseitigen. Die eingeschränkte Verfügbarkeit führte allerdings dazu, dass Frankreich nicht nur eine direkt dem Verteidigungsminister unterstehende Task-Force zur Verbesserung der Situation installierte, sondern auch die geplante Flugzeugabnahme deutlich drosselte. So wurde die Auslieferung der bestellten 50 Maschinen bis ins Jahr 2030 gestreckt.

Eine spürbare Verbesserung der eingeschränkten Verfügbarkeit nach Umsetzung einer Vielzahl von Maßnahmen ergab sich erst nach und nach gegen Ende der 2010er-Jahre. Zu diesem Zeitpunkt waren knapp unter 100 A400M ausgeliefert. Im Jahr 2021 gab es mit je zwei A400M für Kasachstan und für Indonesien (plus vier Optionen) erste weitere Exporterfolge. Zu diesem Zeitpunkt hatte die Luftwaffe längst wieder die 13 für den Export vorgesehenen Flugzeuge für sich akzeptiert.

Somit steht die Auftragszahl aktuell bei insgesamt 178 Flugzeugen. Mit Beginn der 2020er-Jahre und der Durchführung von diversen sehr erfolgreichen Einsatz- und Rettungsmissionen zeigte sich der A400M immer mehr als ein äußerst verlässliches und vor allem leistungsfähiges Waffensystem, das ein sehr breites Einsatzspektrum abdecken kann. Dabei bewährte sich das Transportflugzeug sowohl bei militärischen Einsätzen als auch bei humanitären Hilfsmissionen und Evakuierungsoperationen unter schwierigsten Bedingungen. Längst hat der A400M das zwischenzeitliche Attribut als »Pannenflieger« abgestreift. In Deutschland bezeichnet man ihn mittlerweile stolz als das Gesicht der Luftwaffe!

Ab 2013 begann die Übergabe der ersten A400M an die Kunden. Hier die MSN008 im November 2013 für die französische Luftwaffe.

Airbus Defence and Space

Selbst nach der Zulassung des A400M und den ersten Kundenauslieferungen hatte die Testflotte von Airbus alle Hände voll zu tun: Neben intensiven Erprobungen standen weiterhin regelmäßige Leistungsdemonstrationen auf dem Programm.

Airbus Defence and Space/S. Ramadier

Der 500. Flug des vierten A400M-Prototyps. Am Bug noch mit dem »Grizzly«-Wappen versehen, hat sich daneben der neue Name »Atlas« dazu gesellt. Dieser wird aber z.B. bei der Luftwaffe nicht geführt.

Airbus Defence and Space

Nach Abschluss einer Vielzahl von Erprobungen und Zulassungen konnte die hochbeanspruchte Airbus-Testflotte langsam in den Ruhestand gehen. Die MSN004 beendete ihren Flugdienst nach rund 1.000 Flügen am 11. Oktober 2022 und steht seitdem bei Airbus am Flughafen Bremen.

Airbus Defence and Space

Die Auslieferung des ersten A400M T.23-01 (MSN044) an die spanische Luftwaffe erfolgte recht spät am 1. Dezember 2016.

Airbus Defence and Space

GH
10t PG10
106

Europäisches Teamwork

Airbus Defence and Space

Entwicklung und Produktion des Airbus A400M

Auch wenn die Entwicklung eines Militärtransporters dieser Größe für Airbus Neuland war: Das komplexe Zusammenspiel der europäischen Großkomponenten-Lieferanten war es nicht. Es gehört bei den zivilen Programmen des Konzerns seit jeher zur gelebten Praxis. Beim A400M kam der Gewichtung der Arbeitspakete allerdings eine ganz besondere Bedeutung zu, denn die beteiligten Nationen wollten einen Rückfluss der Wertschöpfung im eigenen Land sicherstellen. Hierbei spielte natürlich die Anzahl der bestellten Flugzeuge eine wichtige Rolle, was insbesondere für Deutschland zu einem relativ großen Arbeitsanteil führte.

Ab 1994 erfolgten beim Hersteller die Komponenten-Berechnungen, um eine akkurate Grundlage für die Zuordnung der Arbeitspakete zur Verfügung zu haben. Die Messgröße für die Aufteilung ist Gewicht in Kilogramm unterteilt in Primär- und Sekundärstruktur sowie Systeme. Im Reigen der Partner bot sich die Endfertigung bei CASA in Sevilla an. Dort bestand schon mit der CASA C-212 Aviocar (ab 1973) und der CN-235 (ab 1986) eine Endmontagelinie militärischer Transporter. Beide Muster waren allerdings deutlich kleiner und leichter. Trotzdem war der Standort im Süden Europas früh für die Endmontage und Kundenübergabe des A400M gesetzt, was ein großes Stück des spanischen Workshares einnahm. Kleinere Anteile umfassten diverse Verbundwerkstoffe-Teile wie das Höhenruder. Die weiteren Arbeitspakete der Großkomponenten orientierten sich an den Fertigungskompetenzen der betroffenen Länder aus den zivilen Programmen, so war Frankreich für die Nasen- und Cockpit-Sektion, für diverse Flugzeugsysteme sowie für die Laderampe und Großbritannien für die Tragflügel gesetzt. Deutschland erhielt große Arbeitsanteile hinsichtlich des Rumpfs- und des Laderaums sowie für die Integration der militärischen Missions-Management-Systeme. Darüber hinaus wurde das Seitenleitwerk einem deutschen Standort zugewiesen. Der Industriepartner Türkei erhielt das vordere Rumpfteil, Bauteile des Hecks und einige Querruder und Spoiler. Belgien erhielt die Flügelvorderkanten, weitere Steuerflächen und die Hauptfahrwerksklappen.

Rumpf- und Laderaumentwicklung sowie Produktion in Bremen

Bei den zivilen Flugzeugprogrammen konzentrieren sich deutsche Airbus-Standorte auf die Entwicklung und den Bau von Rumpfsegmenten und sind u.a. verantwortlich bei Kabinen- und Frachtladesystemen. Somit lag es nahe, dieses Knowhow auch für den A400M zu nutzen. Man entschied sich, Bremen für den europäischen Militärtransporter zu nutzen, da hier die Kompetenzen und Kapazitäten vorhanden waren.

Am 18. und 19. September 2001 trafen sich Entwickler des »IPT Fuselage« (Integrated Project Team Flugzeugzelle) erstmals in Bremen, ab 2003 erfolgte der offizielle Programmstart. Bis zu 400 Ingenieure und Entwickler konzipierten und designten in der Folge ih-

Airbus Defence and Space

Frank Vetter

ren Bauanteil, den Rumpf und das Frachtladesystem. Hierbei wurde nach dem A380 als zweites Flugzeug-Programm die Konstruktionssoftware CATIA genutzt, die alle Komponenten dreidimensional darstellt. In einem Digital-Mock-Up (DMU) zusammengeführt, erlaubt dieses Verfahren ein sehr exaktes, konstruktives Abstimmen mit den angrenzenden Bereichen. Dadurch kann eine sehr hohe Passgenauigkeit der einzelnen Komponenten sichergestellt werden und mögliche teure Anpassungen während der Installationsphase vermieden werden.

Der erste A400M-Rumpf, genannt Integrated Fuselage Assembly (IFA), wurde im März 2007 fertiggestellt und via Beluga-Transport nach Madrid/Getafe gebracht.

Die letztendliche Gesamtverantwortung der Entwicklung für den deutschen Bauanteil als technisch höchste Instanz liegt bei dem in Bremen ansässigen Chief Engineer und seinem Team. Und zwar nicht nur für die von Airbus selbst entwickelten, sondern auch für die von Zulieferern erbrachten Anteile. Er und seine Mitarbeiter stellen als Architekten ihres Gesamtsystems sicher, dass die Komponenten und Untersysteme zusammengeführt werden und die Spezifikation eingehalten wird. Dabei genießt der Sicherheitsaspekt immer oberstes Augenmerk. Der Chief Engineer muss Entwicklungen und Anpassungen zustimmen, ansonsten kann eine Umsetzung nicht erfolgen. Das Design selbst erfolgt in Entwicklungsteams, die, wie auch im zivilen Bereich, nach ATA-Systemen untergliedert sind. Sie befinden sich allerdings nicht nur in Bremen, sondern auch an anderen Airbus-Standorten. Natürlich nutzt die Organisation Synergien und verwendet, wo möglich, auch Unterkomponenten aus ihrem bestehenden Repertoire.

Die Rumpfproduktion des A400M findet im Airbus Werk in Bremen statt.

Das Overall-Avionic-Design des A400M profitierte

Rumpfansicht mit dem großen, nach oben öffnenden Frachtraumtor.

Frank Vetter

Frank Vetter

Für den A400M entstand in Bremen eine neue, moderne Fertigungshalle, in der alle nötigen Arbeitsschritte konzentriert sind.

in vielen Bereichen von Synergien aus der zeitgleichen Entwicklung des A380, der neue Maßstäbe gesetzt hat: Cockpit-Layout, Flight Management System (FMS) und die neuartige Netzwerktechnologie (Avionic-Full-DupleX AFDX) wurden als bewährte Systems weitgehend in den A400M übernommen. Die besonderen militärischen Avionik-Anforderungen wurden über teils neu entwickelte Systems (Military Missions-Management-System M-MMS) oder militärische Kauf-Komponenten (so genannte MOTS Military-Off-the-Shelf) erfüllt.

Parallel zu den Aktivitäten hinsichtlich der Flugzeugentwicklung galt es in Bremen die Vorbereitungen für die Produktion zu treffen. Hierbei begann man sozusagen auf der grünen Wiese, denn es bestanden keine nutzbaren Anlagen. Dies erforderte auf der einen Seite zwar entsprechende Investitionen, doch konnte optimal nach den benötigten Erfordernissen gebaut werden. Damit wurden bereits frühzeitig die Voraussetzungen für eine effiziente Serienfertigung geschaffen. Die Produktionshalle für den Rumpfbau wurde dann im 3. Quartal 2005 in Betrieb genommen. In Vorbereitung der Fertigung galt es, viele spezielle und nur für den A400M nutzbare Produktionswerkzeuge sowie maßgeschneiderte Teststände- und Geräte herstellen zu lassen.

Frank Vetter

Die Sektion 13 entsteht bei TAI in der Türkei und wird in Bremen integriert.

In der Anfangsphase arbeiteten ca. 150 Mitarbeiter in der A400M-Fertigung und begannen mit dem Bau des sogenannten »Integrated Fuselage Assembly« (IFA), einem ersten Rumpf, der für statische Testzwecke vorgesehen war. Im März 2007 wurde dieser fertiggestellt und für weitere Tests nach Madrid/Getafe gebracht. Ebenso entstand in Bremen zunächst ein 1:1-Nachbau des geplanten Frachtladesystems.

Mit Hochlauf der Produktion wuchs auch das Personal in der Bremer Fertigung. So war man bis 2014 auf ungefähr 800 Personen angewachsen. Mit dieser Kapazität entstanden eindrucksvolle 23 Rümpfe im Jahr. In der Zwischenzeit konnte man durch diverse Optimierungen und dem daraus entstandenen Lerneffekt die benötigte Arbeitsstunden-Anzahl für den Rumpf inklusive Laderaum senken.

Die Fertigung in Bremen unterteilt sich in einen Struktur- und in einen Ausrüstungsanteil. Der Rumpf des A400M besteht aus vier Hauptbaugruppen, den Sektionen 13 (vorderster Teil), 15 (unterhalb des Tragflügels), 17 (an 15 nach hinten anschließend) und 18 (Heck). Die Sektion 13 wird von TAI in der Türkei gebaut und nach Bremen transportiert. In der Station 900 entsteht zunächst der Rahmen der Frachtraumrampe bzw. der untere Teil von Sektion 18. In den parallelen Stationen 800 und 850 werden diverse Rumpfschalen und Strukturteile zu den Sektionen 15, 17 und 18 zusammengefügt. In der Station 700 findet dann der Rumpfzusammenbau (Fuselage Joint) zusammen mit der Sektion 13 von TAI statt.

Um dies mit möglichst großer Präzision durchführen zu können, wird mithilfe einer Lasertechnologie gearbeitet, die eine maximale Abweichung von weniger als 1/10 Millimeter garantiert. Die Verbindung der Sektionen erfolgt mit hochmodernen Nietmaschinen, insgesamt werden ca. 5000 Niete gesetzt. Weiterhin werden ca. 600 Halterungen für Leitungen etc. installiert. Feste Teams, insgesamt aktuell etwa 70 Mitarbeiterinnen und Mitarbeiter mit großer Erfahrung, bauen diese Sektionen des A400M und können dabei auch auf diverse digitale Hilfsmittel zurückgreifen. Sie garantieren damit eine sehr hohe Qualität des Produkts. In der Sektion 600 folgt dann noch der Anbau der aus Frankreich kommenden Frachtladerampe und dem aus Augsburg kommenden Frachtladetor.

Nachdem der Strukturbau abgeschlossen ist, folgt der Innenausbau des gesamten Rumpfs. Doch zunächst gilt es, in der Sektion 500 eine sehr ausführliche Oberflächenbehandlung vorzunehmen, um Korrosion zu vermeiden. In den Stationen 480, 400 und 200 erhält der Rumpf dann diverse Systemeinbauten, u.a. das Frachtladesystem, ohne das der Transporter nicht einsetzbar wäre. Schließlich wird an Station 100 die Flugzeugausstattung mit der Verlegung der Floor-Panels und der Montage der letzten Komponenten abgeschlossen, gefolgt von der Endabnahme durch den Kunden. Ziel ist es, die notwendigen Arbeiten, die später in der Endmontage noch auszuführen sind, auf ein Minimum zu beschränken. Das Team für den Innenausbau besteht aktuell aus 80 Personen. Nach der Rumpf-Fertigstellung wird dieser in einen Beluga-Transporter geladen und nach

Airbus Defence and Space

Das A400M-Leitwerk entsteht im Airbus-Werk Stade.

Sevilla geflogen. Auch in Bremen wurde die Produktion mittlerweile gedrosselt. Es entstehen weniger als zehn Rümpfe pro Jahr.

In Bremen werden viele Teile und Komponenten verbaut, die andernorts produziert werden. Der wichtigste Lieferant ist die Airbus Aerostructures GmbH (zuvor Premium AEROTEC), die an ihren Standorten in Augsburg, Varel und Braşov rund 54.000 Strukturteile für den A400M fertigt. Dies sind ca. 70 Prozent der gesamten Rumpfstrukturen. Hierzu gehört eine breite Palette von kleineren Teilen, wie z.B. aufwändige Frässpanten bis hin zu Großkomponenten wie Strukturschalen. Besonders hervorzuheben ist das in Augsburg gefertigte, überwiegend aus Faserverbundstoff (GFK) bestehende, vier mal sieben Meter große Laderaumtor des A400M.

Airbus-Standort Stade

Das westlich von Hamburg gelegene Airbus-Werk Stade ist insbesondere auf die Weiterentwicklung und Herstellung der Kohlefaserverbund-Werkstoffe, die im Flugzeugbau mittlerweile nicht mehr wegzudenken sind, spezialisiert. Rund 1900 Mitarbeiter fertigen eine breite Palette von GFK-Teilen. Allerdings steht vor allem ein markantes Flugzeugbauteil im Fokus: das Seitenleitwerk. Alle Leitwerke der Airbus-Flotte kommen aus Stade, somit auch die A400M-Heckflosse. Schon im Jahr 1970 wurde in Stade ein erstes Leitwerk gefertigt. Diesbezüglich entwickelte sich der Standort parallel zum Kompetenzzentrum. Zu den weiteren Großbauteilen für den A400M aus Stade gehören die Flügel- und Unterschalen sowie verschiedene Klappen. Weiterhin werden diverse Hydraulikleitungen gefertigt.

Produktionsanteil von Airbus Atlantic

Zum 1. Januar 2022 integrierte Airbus mehrere französische Airbus-Tochterfirmen, insbesondere die zwei großen Produktionsstandorte in Nantes und in Montoir-de-Bretagne, zu einer Einheit namens Airbus Atlantic. Historisch konzentriert sich der französische Bauanteil bei ihren Flugzeug-Programmen auf die Bug- und Cockpitsektion, Systeminstallationen und Strukturbauteilen. Um diese Expertise hinsichtlich Engineering und Produktion zu nutzen, wurden entsprechende Bauanteile des A400M an die französischen Standorte übertragen. In Montoir-de-Bretagne findet der Zusammenbau des vor dem Rumpf befindlichen Flugzeugbugs statt. Es besteht neben der Struktur aus den vielen notwendigen Cockpit-Einbauten wie sie sich auch bei den zivilen Airbus-Mustern finden. Viele Ausrüstungs-Bestandteile wie Cockpit-Displays sind denen des A380 ähnlich. Im vorderen Bereich des Flugzeug befinden sich sehr viele Systeme und deren Schnittstellen, sodass ein großer Anteil des Produktionsprozesses, etwa zwei Drittel, auf die Installation der Systeme entfällt. So müssen zum Beispiel rund 60 km Verkabelung verlegt und angeschlossen werden. Um den Frachtraum möglichst frei von Systemen zu halten und somit ein möglichst großes Volumen zu ermöglichen, konzentriert sich der Einbau der Systeme auf die Bugsektion und auf die Bereiche im Flügelkasten (Center Wing Box) und um das Hauptfahrwerk.

Weitere Bestandteile der Frontsektion sind das Radom bzw. die Nase, der Arbeitsplatz des Technischen Ladungsmeisters, eine Bordküche und eine Crew-Schlafmöglichkeit.

Die komplexe und sehr aufwändige Cockpit-Sektion entsteht bei Airbus Atlantic. Hier die MSN106 für die belgische Luftwaffe.

Airbus Defence and Space

Bei Airbus Atlantic in Nantes werden weitere Großkomponenten für den A400M gefertigt. Dazu gehören der Flügelmittelkasten zwischen den Tragflügeln, das Radom, das Seitenruder sowie die aufwendige Laderampe. Auch hier erfolgt schon die Ausrüstung mit den Systembauteilen, um die Komplexität beim finalen Zusammenbau zu reduzieren.

Flügelproduktion in Großbritannien

Ebenfalls analog zu den zivilen Programmen verantwortet der britische Airbus-Standort in Filton nördlich von Bristol die Entwicklung und Produktion der Tragflächen des A400M. Die Flügel mit über 42 Metern Spannweite bestehen überwiegend aus gewichtssparenden Kohlefaser-Verbundstoffen. Die Produktion gliedert sich in drei Phasen: Zunächst erfolgt der strukturelle Bau eines Flügelpaares inklusive der nötigen Korrosions-Schutzbehandlung. Anschließend werden die vielen Systembestandteile installiert, wie beispielsweise Treibstoff-, Pneumatik-, und Hydraulikleitungen sowie natürlich die Verkabelung der elektrischen Systeme. Auch Systeme der Selbstverteidigung gilt es zu integrieren. Abschließend werden die diversen Klappen zur Flugzeugsteuerung angebaut. Ein Flügelpaar besteht aus 6700 Einzelteilen. Davon kommen ca. 75 % aus Großbritannien. Insgesamt sind in Filton ca. 270 Mitarbeiterinnen und Mitarbeiter Teil des A400M-Programms. Nach Fertigstellung holt ein Beluga-Transporter ein Flügelpaar ab und nimmt auf seiner Reise nach Sevilla noch die dazugehörige Bugsektion in Montoir-de-Bretagne mit. Jeder Fertigungsschritt wird umfassend geprüft, um die hohen Qualitätsanforderungen an die Tragflächen zu gewährleisten.

In Filton, Großbritannien, entstehen die Flügel für den europäischen Großraumtransporter.

Airbus Defence and Space

Nicht nur der Struktur-Zusammenbau, sondern auch die Durchführung der Systemeinbauten für die Flügel sind Teil des britischen Arbeitspakets.

Airbus Defence and Space

Die A400M-Flügel bestehen überwiegend aus Kohlefaser-Verbundstoffen und kombinieren damit niedriges Gewicht mit hoher Festigkeit.

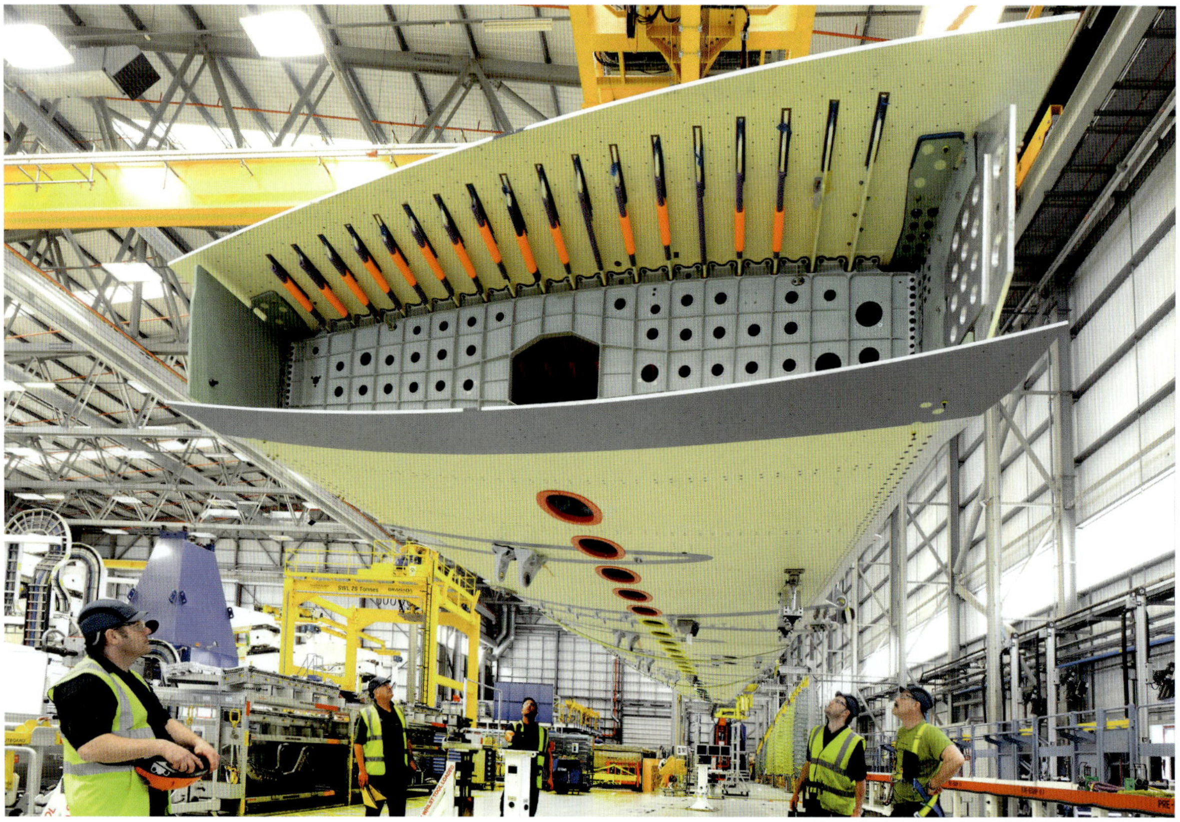

Airbus Defence and Space

Endmontage in Sevilla

Der Zusammenbau des A400M erfolgt bei Airbus Defence and Space auf dem weitläufigen Gelände »San Pablo« des Flughafens in Sevilla. Knapp 1900 Airbus-Mitarbeiter aus 30 Nationen sind aktuell in Sevilla im Einsatz. Viele davon arbeiten am A400M. In Vorbereitung auf die Serienfertigung baute man ab 2004 auf der Südseite des Flughafens moderne Fertigungsanlagen, die nicht nur für den A400M, sondern auch für den mittleren Transporter C-295 genutzt werden. Ab 2006 startete die Fertigung mit dem Bau der ersten Prototypen. Die sogenannte Final Assembly Line (FAL) besteht aus einem mehrere hundert Meter langen Gebäudekomplex, in dem an diversen Stationen Zusammen- und Einbau-Arbeitsschritte erfolgen. Am Anfang steht als Teil der Station 91 die Entladung eines Airbus Beluga-Transporters, der Großbauteile wie Tragflächen, Rumpf- und Bugsektionen sowie Seitenleitwerke von den europäischen Standorten nach Südspanien transportiert. Als erster großer Produktionsschritt erfolgt in den Stationen 72 und 70 der Flügel-Zusammenbau und die vollständige Ausstattung der Tragflächen mit der entsprechenden Ausrüstung. Hierzu gehören z.B. die Tanks, die Triebwerksaufhängungen, elektrische und hydraulische Leitungen usw. Besonders wichtig ist die Durchführung von Dichtigkeitstests der Tanks, da man später nur noch sehr umständlich Zugang hat. An der Station 60 erfolgt nun der Zusammenbau des Rumpfs. Die spezialisierten Teams können jeweils auf eine große Palette von Spezialwerkzeugen und Hilfsmittel zurückgreifen, um eine höchstmögliche Arbeitsqualität sicherzustellen. An Station 50 schließt sich nun die Installation des Leitwerks an, sodass der A400M bezüglich der Struktur-Großkomponenten komplett ist. Hier werden darüber hinaus sehr ausführliche Qualitätskontrollen durchgeführt.

Die im Produktionsprozess nun folgende Station 40 ist intensiv, denn dort werden übergreifende Flugzeugsysteme und Ausrüstung komplettiert und angeschlossen. Zum Abschluss finden weitere Funktionstests statt. Der wichtige Meilenstein »Power On«, also die erstmalige Aktivierung der Flugzeug-Stromversorgung, erfolgt. Zu diesem Zeitpunkt kann man den A400M als Flugzeug bezeichnen. In der Station 35 wird nun das Auf-

A400M Logistikfluss für Großkomponenten

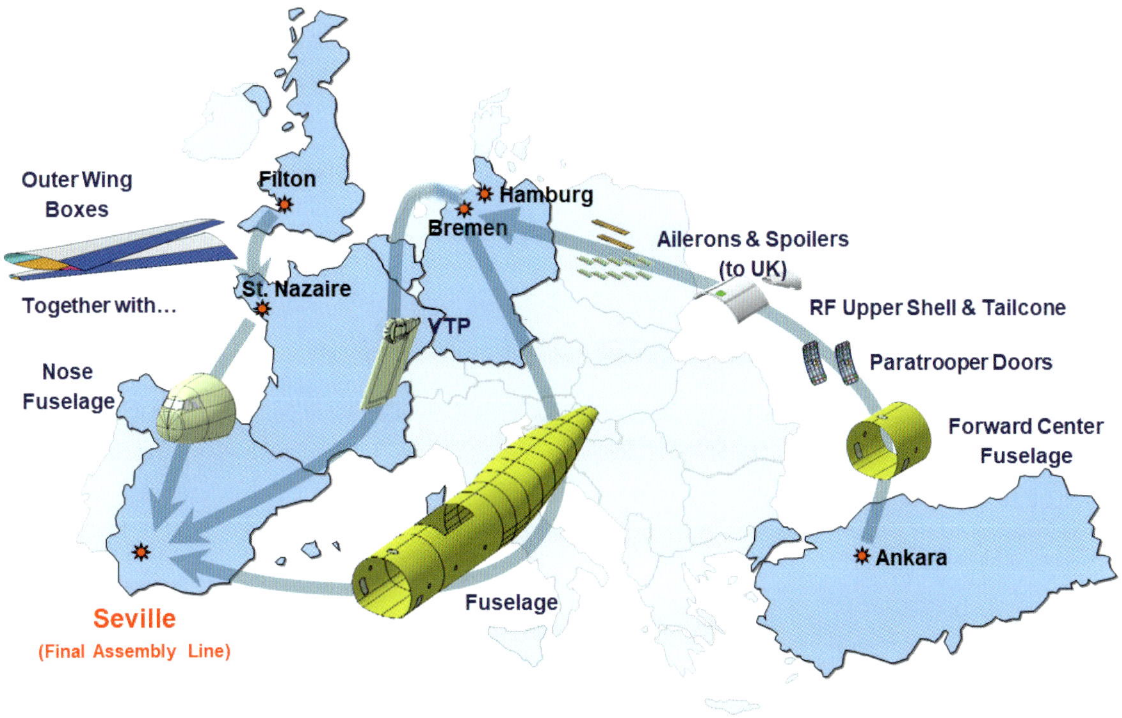

Airbus Defence and Space

spielen der umfangreichen Software durchgeführt und anschließend folgen weitere sehr ausführliche Tests und Prüfungen insbesondere der Elektrik- und Avionik-Anlagen. Nun schließt sich, als Teil der Station 20, ein weiterer sehr entscheidender Produktionsschritt, nämlich der An- und Einbau der Triebwerke inklusive Propeller an. Parallel findet hier eine große Anzahl weiterer Funktions- und Systemprüfungen statt. Besonders wichtig ist die Überprüfung der Flugsteuerung. Hierbei simuliert ein Computer dem System den Flugzustand. Nach Absolvieren dieser Station verlässt das Flugzeug erstmal die Produktionshallen und erhält nun entweder seine Außenlackierung und Anbringung der diversen Markierungen oder es folgen weitere sehr ausführliche Funktionsprüfungen an der Station 30. Hier stehen z.B. Tests der Funkanlage im Fokus. Die Außenlackierung, die in einer separaten, modernen Halle stattfindet, kann im Produktionsablauf etwas flexibler durchgeführt werden. Langsam, aber sicher nähert sich der große Moment. Nämlich der Erstflug des neuen Flugzeuges. In Vorbereitung auf diesen wird der A400M in der Station 15 ein weiteres Mal sehr intensiv geprüft und entsprechend ausgerüstet und ausgestattet. Hier werden nun auch die Triebwerke gestartet und entsprechende erste Leistungsprüfungen durchgeführt. Der Höhepunkt ist der mehrstündige Abnahmeflug, der ein standardisiertes Testprogramm beinhaltet. Dabei wird der A400M auch an die zulässigen Grenzen des Flugprofils herangeführt.

Schon während des Produktionsprozesses, aber verstärkt vor der zu erwartenden Übergabe, hat auch der Kunde die Möglichkeit, das Flugzeug auf Herz und Nieren zu prüfen.

Für die anstehende Übergabephase übernimmt bei Airbus das Delivery Center die Verantwortung und stellt den zur Auslieferung anstehenden A400M dem Kunden auf einem Hallenstellplatz zur Verfügung, sodass dieser seinen Abnahmeprozess durchführen kann. Hierzu gehört nicht nur das Flugzeug selbst, sondern auch die Zusatzausrüstung. Abhängig von etwaigen dort festgestellten Beanstandungen erfolgt nun die entsprechende Nacharbeit, bis der obligatorische Abnahmeflug durch den Kunden erfolgen kann. Sollte hierbei alles akzeptabel verlaufen und kein weiterer Flug nötig werden, kann

Die A400M-Final Assembly Line (FAL) befindet sich im spanischen Sevilla.

Airbus Defence and Space

Airbus Defence and Space

Anlieferung: Mittels Beluga werden Großbauteile in Sevilla angeliefert. Hier Tragflächen aus Filton.

die konkrete Übernahme mit dem sogenannten »Transfer of Title« beginnen, an dessen Ende das Flugzeug den Eigentümer wechselt und die Überführung zum Kunden erfolgen kann. Airbus stellt im Delivery Center, einem separaten Gebäude in der Nähe der FAL, für die Kunden OCCAR und für die einzelnen Luftwaffen, Büros und Arbeitsplätze zur Verfügung, um eine Vorort-Präsenz zu ermöglichen.

Um die Produktion trotz des auslaufenden Auftragsbestands bis zu neuen Bestellungen stabil zu halten, wurde die jährliche Rate schon vor einiger Zeit auf acht Flugzeuge gedrosselt. In ihrer Hochzeit 2017 hatte sie bei 20 Flugzeugen im Jahr gelegen und wurde dann sukzessive reduziert.

Militärische Systeme

Eine Besonderheit des A400M sind die militärischen Systeme, die die »zivilen« Eigenschaften des Luftfahrzeuges um wesentliche Fähigkeiten ergänzen. Diese sind in einem Military Mission Management System (M-MMS) zusammengefasst.

Erst damit ermöglichen sich die deutlich erweiterten Tiefflugeigenschaften und ein besonderes taktisches Ground Collision-Avoidance System, welches den Piloten jederzeit einen sicheren, weil kollisionsfreien Korridor anzeigt. Aufgrund der Kritikalität dieser Funktionen waren hier die »schärfsten« Richtlinien zur Zertifizierung von Avionik-Software, definiert im Standard zur Softwareentwicklung im sicherheitskritischen Bereich der Luftfahrt (DO-178C), anzuwenden. Dies hatte umfangreiche Dokumentations- und Review-Pflichten zur Folge, die von den Zulassungsbehörden genau überwacht wurden.

Ebenfalls zu dem militärischen System gehören mehrere elektronische Selbstschutzsysteme und ein besonderes Lastenmanagement, welches die komplexen Berechnungen zum zielgerichteten Lastenabwurf bietet – schließlich sollen die Hilfsgüter am Fallschirm möglichst genau an der vorberechneten Stelle am Boden ankommen.

Airbus Defence and Space

Airbus Defence and Space

Als Teil der Station 72, am Anfang des Prozesses, werden die Tragflächen zusammengesetzt.

In der zentralen Station 40 wird ein Großteil der Systeme miteinander verbunden und es finden erste Funktionstests statt.

Frank Vetter

Die Frontsektion der MSN147 (54+63) kurz vor dem Zusammenbau. Davor eines der eindrucksvollen Hauptfahrwerke.

Frank Vetter

Mithilfe einer hochgenauen Nietmaschine wird die Bugsektion mit dem Rumpf verbunden.

In der Station 35 finden umfangreiche Systemtests statt. Hier zu sehen die spätere 54+50.

Frank Vetter

In der Lackierhalle erhält der A400M sein Farbkleid. Diese Maschine für Kasachstan (MSN139) bekommt eine ungewöhnlich glänzende Lackierung.

Airbus Defence and Space

Airbus Defence and Space

Auf der Flightline in Sevilla finden weitere Tests statt. Das neue Flugzeug wird für den Erstflug vorbereitet. Die Maschine führt bis zur offiziellen Übergabe noch eine spanische Kurzzeit-Registrierung.

Airbus Defence and Space/P. Pigeyre

Der Erstflug findet zuerst mit einer reinen Airbus-Crew statt und dauert drei bis vier Stunden.

Starker Partner

Industrieunterstützung durch Airbus Defence and Space

Noch deutlich ausgeprägter als bei anderen Waffensystemen arbeitet die Luftwaffe beim A400M mit Airbus Defence and Space zusammen. Schon früh zeichnete sich ab, dass hinsichtlich des Luftfahrzeug-Betriebs eine enge Verzahnung zwischen dem Flugzeughersteller und dem Betreiber angestrebt werden sollte. So wünschte sich die Bundeswehr neben der Nutzung vorhandener Wartungs- und Instandhaltungskapazitäten bei Airbus Defence and Space in Manching ein weiteres, eigenständiges Standbein von Airbus direkt am Standort Wunstorf. Ab 2012 starteten intensive Gespräche und Verhandlungen zwischen den Vertragspartnern im BAAINBw bzw. der Luftwaffe mit Airbus wie diese Unterstützung konkret gestaltet werden sollte. Im Kern ging es darum, durch eine starke Präsenz des Flugzeugherstellers beim Betreiber vor Ort eine schnellere und effizientere technische Unterstützung zu etablieren. Folglich wurden zwei Unterstützungsverträge geschlossen. Einer beschrieb die Leistungen hinsichtlich technisch und logistischer Unterstützung, ein zweiter bezog sich auf die Materialwirtschaft.

Mit der Einführung der 54+01, die im Dezember 2014 eintraf, gab es alle Hände voll zu tun. Doch der zunächst eher langsame Flottenaufwuchs, die zweite Maschine folgte erst elf Monate später, sorgte etwas für Entlastung, sodass man sich auch der Organisations-Entwicklung widmen konnte. So galt es, dringend weitere qualifizierte Mitarbeiter zu gewinnen und auszubilden. Im Jahr 2015 zog das motivierte Team dann auf die Wunstorfer Basis und war somit direkt am Objekt präsent.

Sukzessive setzte sich der Personalaufwuchs fort und so konnten die Unterstützungsaufgaben umfängli-

Das großzügige und moderne Wartungszentrum von Airbus Defence and Space am Standort Wunstorf wird im Laufe des Jahres 2027 in Betrieb gehen.

Airbus Defence and Space

Airbus Defence and Space

Auch in Sevilla selbst unterhält Airbus einen Bereich, in dem größere Checks und Flugzeugmodifikationen ausgeführt werden.

cher abgedeckt und die geplante Organisation eingenommen werden. Das Team »Customer Service Representative CSR« steht bei allen technischen Fragen des Kunden, insbesondere aber bei ungeplanten Defekten, zur Verfügung und ist imstande, falls es notwendig sein sollte, direkt am Flugzeug eine Befundung vorzunehmen.

Wichtige Unterstützung bei komplexeren Themen leistet das Team »User Help Desk UHD«. Sollten Klärungen innerhalb der Airbus-Organisation oder bei den diversen Systemlieferanten erforderlich sein, übernehmen die Mitglieder des Teams und organisieren eine Problemlösung. Die Gruppe stellt das »Engineering Back Office« dar. Im Bedarfsfall, wie z.B. im Rahmen der Übung »Pitch Black«, wird eine Bereitschaft rund um die Uhr sichergestellt, um sofort reagieren zu können. Ein drittes Team, »Ground Support Systems Specialists«, ist für das genutzte Bauzustandsüberwachungs-IT-System der A400M-Flotte verantwortlich bzw. hilft sofort, sollte diesbezüglich Unterstützung erforderlich sein. Es stellt damit eine weitere wichtige Schnittstelle im technischen Support dar.

Airbus Defence and Space

Techniker des A400M-Wartungszentrums arbeiten an ihrem Muster.

Ein weiterer wichtiger Teil des Unterstützungspakets von Airbus ist der sogenannte »Continued Airworthiness Management Organisation (CAMO) Support«. Insbesondere die Pflege der Lebenslauf-Akte, das Service Bulletin Management und die Arbeitsplanung für die Wartungsbetriebe stehen hierbei im Fokus. Die Tätigkeit ist allerdings nicht nur auf Wunstorf beschränkt, sondern findet auch in Köln beim dortigen Luftfahrtamt der Bundeswehr (LufABw) statt. Das LufABw ist in letzter Instanz für die Lufttüchtigkeit des A400M verantwortlich.

Die Ersatzteilversorgung ist das zentrale Element hinsichtlich der Waffensystem-Einsatzbereitschaft. Der Airbus Support Service übernimmt diesbezüglich zentrale Aufgaben. So werden Bestellungen vorbereitet und ausgelöst sowie die Liefertermine nachverfolgt. Das ankommende Material wird vereinnahmt sowie die Versendung organisiert. Insgesamt gilt es rund 15.000 verschiedene Teile zu bewirtschaften und einer Qualitätskontrolle zu unterziehen. Weiterhin verantworten die Mitarbeiter das Reparatur-Management defekter Teile z.B. bei den jeweiligen Komponenten-Herstellern. Airbus betreibt zur Materialbevorratung eine Lagerhalle in der Nähe des Wunstorfer Standorts. Entsprechend stehen kurze Wege zur Verfügung.

Der Verantwortungsübergang des Materials von der Luftwaffe zu Airbus ist klar geregelt. Ein sogenanntes »Hole in the Wall« bezeichnet den Übergabepunkt und somit den Verantwortungsübergang für die Bauteile. Auch wenn die Materialversorgung sehr gut organisiert ist und viele Teile sofort zur Verfügung stehen, kommt es hier und da zu Herausforderungen, insbesondere wenn erstmalig Komponenten ausgetauscht werden müssen, die noch nicht nachgefragt worden waren. Obwohl der A400M mittlerweile in größerer Zahl fliegt, ist die Gesamtflottenzahl verglichen mit einem zivilen Airbus-Produkt doch so niedrig, dass man hinsichtlich Ausfallwahrscheinlichkeiten und damit geplanten Ersatzteilen immer noch hinzulernt.

Nicht zuletzt aufgrund langfristig eingeschränkter eigener Kapazitäten formulierte die Luftwaffe früh den Wunsch, Wartungs- und Instandhaltungsmaßnahmen direkt von der Industrie durchführen zu lassen. Im Gegensatz zu anderen Waffensystemen sollte zu diesem Zweck sehr viel stärker eine Vor-Ort-Präsenz etabliert werden. Da der A400M nur auf einem Fliegerhorst der Luftwaffe beheimatet ist, erschien dies als sehr sinnvoll. In einem ersten Schritt begann Airbus, mit eigenem technischen Personal Wartungsmaßnahmen zusammen mit Angehörigen der Luftwaffe zu unterstützen. Später entschied man sich, die Verantwortlichkeiten stärker zu trennen. Und so übernahm Airbus einen Stellplatz in der großen Wartungshalle der Technischen Gruppe, um dort Arbeiten in eigener Regie durchzuführen. Später ergab sich die Möglichkeit, in einer ehemaligen Wartungshalle in der Nähe, zwei weitere Docks einzurichten und somit weitere Kapazität zur Verfügung zu stellen.

Im Jahr 2017 erhielt Airbus eine Anfrage des Bundesamtes für Ausrüstung, Informationstechnik und Nutzung der Bundeswehr (BAAINBw) vor Ort in Wunstorf, einen Hangar mit mindestens zwei Stellplätzen zu errichten und zu betreiben. Es dauerte allerdings, bis der komplette Leistungsumfang, inklusive Neubau der Gebäude im Westen des Platzes final geklärt war und Eingang in den »Deutschen In-Service Support-Vertrag« (DEISS) fand. Am 3. Juli 2023 schloss das BAAINBw mit Airbus Defence and Space eine entsprechende Vereinbarung, die nun auch die neu zu errichtende »Base Maintenance Service (BMS)« am Standort Wunstorf beinhaltete. Im Vergleich zur vorangegangenen Betreuungsregelung weitet man die Kapazitäten sehr deutlich um 85 % aus. Der Vertrag läuft bis Ende 2030 und ermöglicht so langfristige Planungssicherheit für beide Seiten.

Am 9. Oktober 2023 erfolgte der erste Spatenstich für das neue A400M-Wartungszentrum in Wunstorf. Auf insgesamt rund 125.000 m² werden ca. 97.000 m² mit Hangar, Werkstätten, Büros und Abstellflächen bebaut. Der nachhaltig errichtete Wartungshangar mit einer Größe von 140 x 85 m und einer Höhe von 29 m wird bis zu drei A400M aufnehmen können. Die Arbeiten schreiten zügig voran, sodass aktuell eine Inbetriebnahme für Anfang 2027 eingeplant ist. Rund 300 Airbus-Mitarbeiterinnen und -Mitarbeiter werden dann im neuen Wartungszentrum beschäftigt sein und maßgeblich dazu beitragen, dass sich die Luftwaffe auch weiterhin jederzeit auf ihr zentrales Lufttransportmittel verlassen kann.

Flug in die Zukunft

Aktueller Status und Zukunftsaussichten des A400M-Programms

Nach mittlerweile etwas über zehn Jahren Einsatzzeit hat sich der A400M aufgrund seiner Leistungsfähigkeit und Vielseitigkeit bei den Kunden-Luftwaffen längst zu einer ganz wesentlichen Säule bezüglich einer ganzen Reihe wichtiger Fähigkeiten entwickelt. Parallel laufen aber schon lange diverse Projekte mit dem Ziel, das Waffensystem weiter zu optimieren bzw. mit zusätzlichen Fähigkeiten auszustatten. Ein wesentliches Vorhaben ist das sogenannte »Blockupdate 0«, das alle A400M der Luftwaffe auf einen einheitlichen Stand bringen soll. Weiterhin sollen im Rahmen dieser Verbesserungen ein aktuelles Satcom-Kommunikationsgerät eingerüstet werden, das die Interoperabilität des A400M weiter verbessern wird. Darüber hinaus ist vorgesehen, ein satellitenbasiertes Landesystem und WIFI an Bord zu realisieren.

Parallel arbeitet Airbus daran, die maximale Transportkapazität des A400M von aktuell 37 auf 40 Tonnen zu erhöhen. Basis dieses Vorhabens sind gesammelte Daten aus Wartungs- und Instandhaltungsmaßnahmen und aus dem Flugbetrieb der letzten Jahre, die als Nachweis dienen können, dass das Flugzeug auch langfristig höhere Lasten gut verkraften kann. Durch die Leistungsfähigkeit der Triebwerke ist eine Abfluggewicht-Erhöhung unkritisch. Trotzdem gilt es, viele Parameter neu zu definieren und Vorgaben anzupassen. Ggfs. sind auch Detailmodifikationen nötig. Trotzdem ist man auf einem guten Weg, die Anhebung in naher Zukunft umzusetzen. Die Erweiterung der Transportkapazitäten ermöglicht nicht nur ganz spezifische Einsätze, sondern erhöht auch die Kapazitäten für die Luft-Luft-Betankung.

Neben fortlaufenden Produktverbesserungen bietet die Plattform A400M diverse Möglichkeiten, Fähigkeitserweiterungen zu realisieren. Airbus ist natürlich sehr interessiert daran, Ideen der Kunden entsprechend aufzugreifen und Anpassungen vorzuschlagen.

Airbus Defence and Space

Airbus vermarktet ihr Produkt weltweit und unternimmt entsprechende Touren zu potenziellen Kunden. Hier erfolgte ein Stopp in Saudi-Arabien.

Airbus Defence and Space

Der 20.000 Liter fassende Feuerlöschbehälter für den A400M.

Im Juni 2026 hat Airbus Defence and Space einen Vertrag mit der OCCAR (Organisation für die gemeinsame Rüstungskooperation) unterzeichnet, um neue Fähigkeiten für den A400M zu entwickeln.

Diese Modernisierungmaßnahmen, bekannt als »Parallel Mission System« (PMS), zielen darauf ab, die französischen A400M mit Multimissionsfähigkeiten in den Bereichen Aufklärung, Überwachung und Erkundung (ISR – Intelligence, Surveillance and Reconnaissance) auszustatten.

Die PMS-Entwicklungen konzentrieren sich auf die Integration eines neuen Missionssystems an Bord sowie auf Konsolen für das taktische Lagebewusstsein, die im Laderaum installiert werden, um verschiedene Sensoren zu überwachen und Einsätze zu koordinieren. Zudem zielen sie darauf ab, einen optronischen Sensor in das Flugzeug zu integrieren. Dieses neue Missionssystem ist so konzipiert, dass es zusätzliche Sensoren und Kommunikationssysteme integrieren sowie Drohnen und Raketen steuern kann, die aus dem Laderaum des Flugzeugs gestartet werden. Somit kann die Flugzeugbesatzung Einsätze mit Bodentruppen, Hubschraubern, insbesondere dem Tiger und dem Caracal H225M, sowie Kampfjets in einem kollaborativen Kampfmodus koordinieren.

Eine sehr konkrete zusätzliche Fähigkeit des A400M ist die Verwendung als Feuerlösch-Flugzeug. Insbesondere Frankreich und Spanien haben hieran Interesse.

Airbus Defence and Space

Nach einer Entwicklungsphase wird die neue Ausrüstung im Jahr 2027 an Bord der ersten französischen A400M installiert und 2028 im Flug getestet. Eine Reihe von Flugzeugen der Flotte wird anschließend nachgerüstet, um ein PMS-Kit aufzunehmen.

Schon sehr weit gereift ist es, den A400M als Mittel zum Feuerlöschen einzusetzen. Insbesondere die Nutzer aus Europas Süden, Frankreich und Spanien, sind hieran sehr interessiert. Ein bis zu 20.000 Liter fassender, modularer Löschtank, der ohne Modifikationen sehr schnell im Laderaum installiert werden kann, wurde Mitte 2025 in Frankreich erfolgreich im Flug getestet. Dadurch, dass der A400M von unbefestigten Pisten operieren kann, ist das Flugzeug flexibel einsatzfähig. Die spanische Regierung hat sich bereits für den Feuerlösch-Kit entschieden. Die Planung und Integration des Systems kann im Sommer 2026 mit ersten Live-Feuer-Tests durch gemischte Crews beginnen. Nachfolgende Schritte sind Teil der laufenden Gespräche mit dem Kunden. In Deutschland besteht allerdings derzeit kein konkretes Interesse für den Feuerlösch-Rüstsatz.

Geradezu prädestiniert wäre der A400M als Drohnen-Träger. Mit einem Kunden entwickelt Airbus das »A400M Mothership«, das bis zu 50 mittelgroße Drohnen oder bis zu zwölf Marschflugkörper von der Größe eines Taurus mitführen und aussetzen kann, und zwar einzeln oder als Schwarm an jedem Ort der Welt. Dank verbesserter Konnektivität via verschlüsselter Breitband-Satellitenkommunikation lassen sich die Drohnen und Marschflugkörper auch von dem A400M aus steuern und kontrollieren. Damit bietet der A400M eine bisher unerreichte »Deep-Strike«-Fähigkeit.

Durch den Transport in einem fliegenden System sind Drohnen deutlich effektiver verwendbar. Die Beladung soll über ein modulares System erfolgen und sehr zügig möglich sein. Erste Tests diesbezüglich fanden schon Ende 2022 statt, als von Bord eines A400M mittels eines sog. UAV-Launchers eine Airbus DT-25-Drohne erfolgreich abgesetzt, gesteuert und einer Bodenkontrolle übergeben werden konnte.

Ein weiterer Fokus bezüglich künftiger Fähigkeiten liegt bei der elektronischen Vernetzung und Kommunikation mit anderen Kampfteilnehmern. In diesen Einsatzszenarien muss der A400M in der Lage sein, sich aktiv im Verbund mit eigenen Kräften einzubinden und in Echtzeit-Daten auszutauschen. Aufgrund der Größe und der zur Verfügung stehenden Fläche für Sensoren könnte das Flugzeug auch als eine Art Relaisstation dienen und eine Vernetzung im Kampfgebiet sicherstellen. Welche Systeme für diese Aufgaben im Betracht kommen könnten, wird aktuell evaluiert.

Airbus Defence and Space

Airbus Defence and Space

Der A400M konnte schon erfolgreich nachweisen, dass er als Startplattform für Drohnen verwendet werden kann. In Zusammenarbeit mit der Bundeswehr wurde eine DT-25-Drohne erfolgreich gestartet und aus dem Flugzeug gesteuert.

Hinsichtlich der Navigationsfähigkeit wird konkret die Verwendung des europäischen Systems Galileo verfolgt, um eine noch höhere Präzision zu erreichen und

Sicher eine sehr effektive Fähigkeitserweiterung für die Zukunft: die Nutzung des A400M als Startbasis für Flugkörper, wie z.B. Taurus.

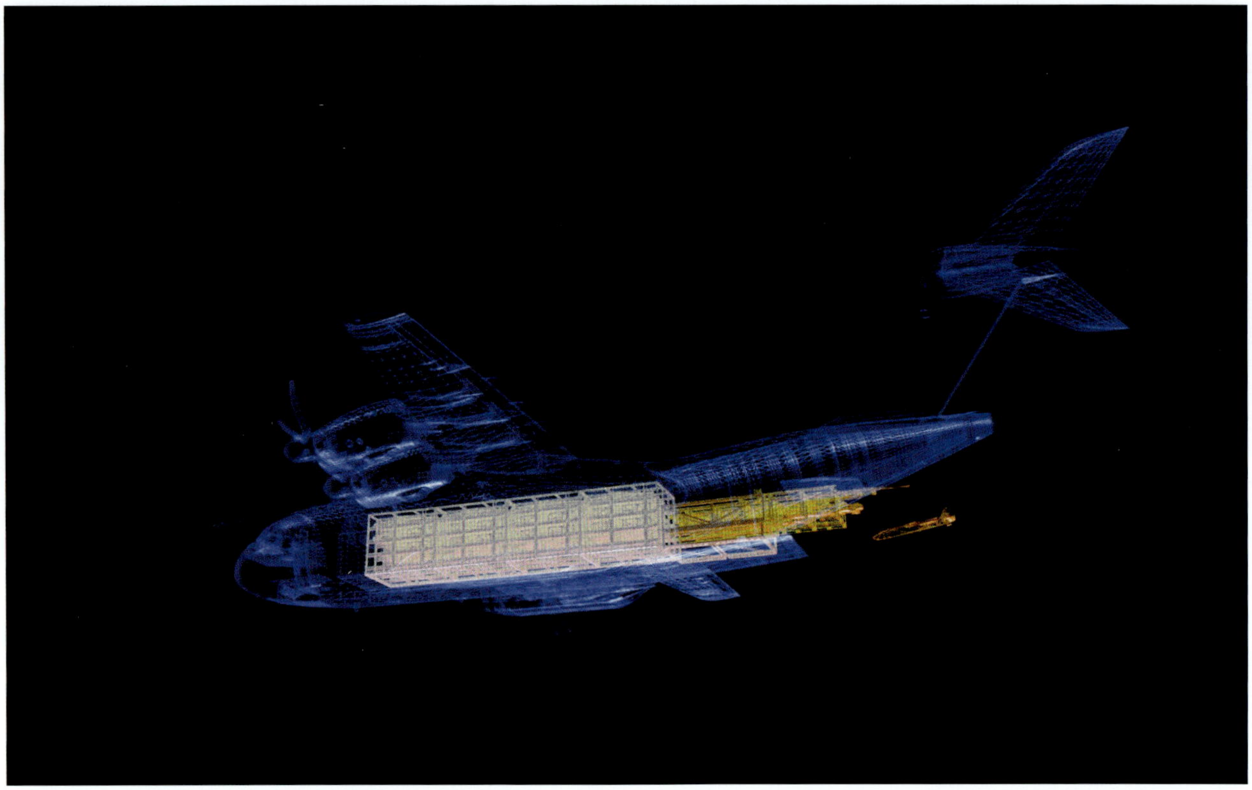

Airbus Defence and Space

Der A400M lässt sich auch gut als fliegende Kommandozentrale und Schaltstelle für verschieden fliegende Systeme nutzen.

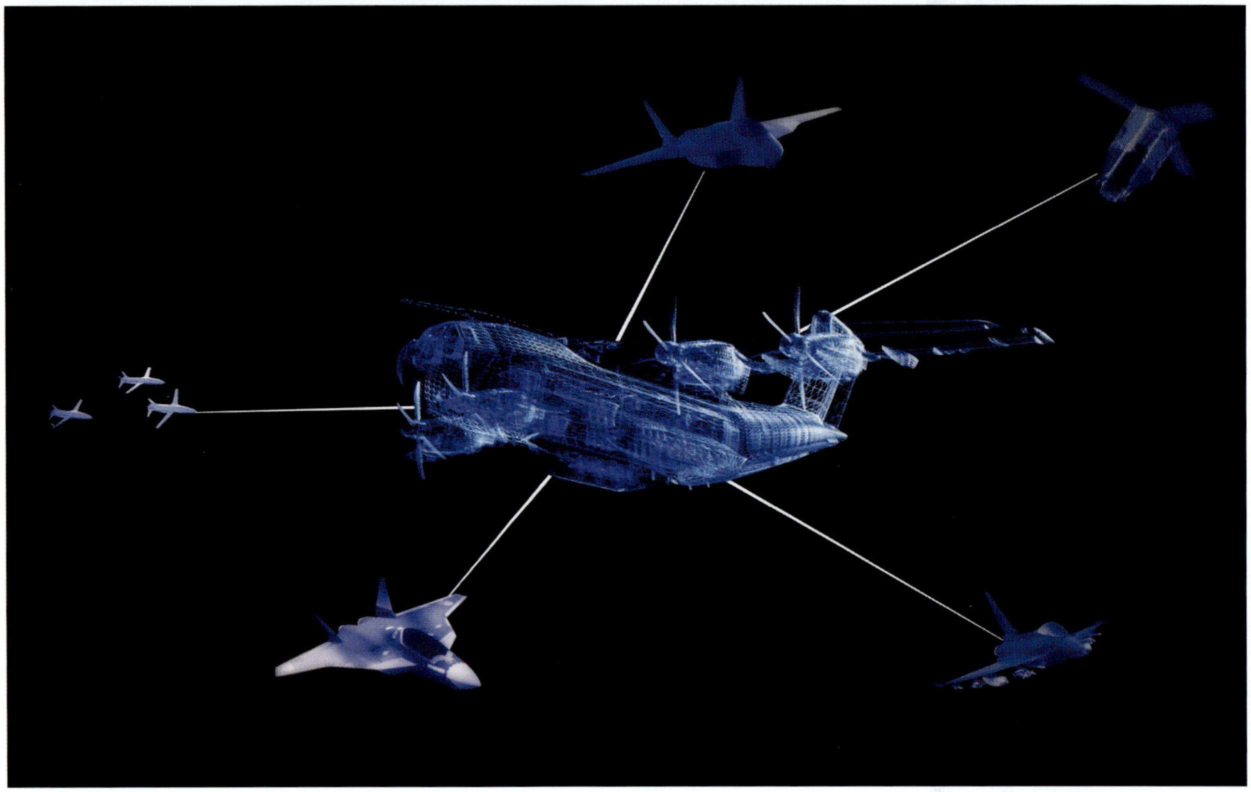

Airbus Defence and Space

die Abhängigkeit von GPS zu verringern. Diese Modifikationen könnten im Rahmen eines Block 1 Updates gegen 2030 realisiert werden.

Am Freitag, den 17. April 2026 wurde der bislang letzte A400M (MSN147, 54+63) für die Bundeswehr feierlich dem Kunden übergeben und nach Wunstorf überführt. Bei einem aktuellen Auftragsbestand von 178 Flugzeugen ist also das Ende der Produktion nicht mehr allzu weit entfernt. Um die Fertigungslinien bis neue Bestellungen eintreffen stabil zu halten, hat Airbus schon vor einiger Zeit die Produktionsrate auf acht Flugzeuge im Jahr begrenzt. Im Rahmen der Luftfahrtschau Le Bourget 2025 in Paris konnte sich Airbus mit der OCCAR darüber einigen, den industriellen Status jährlich anzuschauen und ggfs. entsprechende Entscheidungen zu treffen. Im Februar 2026 fügte Spanien dann sogar weitere drei Flugzeuge fest hinzu.

Die A400M-Nationen bewerten ihre Bedarfssituation angesichts der aktuellen geopolitischen Lage momentan neu. Außerdem sind aktuell einige vielversprechende Exportkampagnen im Gang. Darüber hinaus wurde Mitte 2026 berichtet, dass bei der Luftwaffe konkretes Interesse an einigen weiteren Maschinen besteht.

Unabhängig von der Flugzeug-Produktion wird Airbus beim A400M-Programm auch in absehbarer Zukunft sehr intensiv involviert bleiben. Neben der fortlaufenden Beschäftigung mit Wartungs- und Instandhaltungsaktivitäten gilt es für einige Nutzer diverse Modifikationsprogramme hinsichtlich Fähigkeits-Upgrades umzusetzen. Ein Beispiel hierfür ist die im Juni 2025 vereinbarte Nachrüstung des aktiven, laserbasierten Selbstschutzsystems DIRCM an weiteren 23 A400M der Luftwaffe. Die Einrüstung wird im Rahmen von Instandhaltungsmaßnahmen in Manching von 2025 bis 2032 erfolgen.

Auslieferung des letzten A400M für die Luftwaffe am 17. April 2026. Die Kunden von der OCCAR, vom BAAINBw sowie von der Luftwaffe freuten sich gemeinsam mit ihren Partnern von Airbus über diesen besonderen Meilenstein. Doch auch in Zukunft wird eine intensive Zusammenarbeit weiter bestehen.

Airbus Defence and Space

A400M
A400M

Airbus Defence and Space

Im Detail
Die Technik des Airbus A400M

Das Konzept

Um den gestiegenen Anforderungen an militärische Lufttransportleistungen gerecht werden zu können, musste das A400M-Flugzeugkonzept in vielen Bereichen von den bisher von Airbus entwickelten zivilen Flugzeugmodellen abweichen. Als taktischer und strategischer Transporter sollte der Airbus A400M durch hohe Reichweite, Geschwindigkeit und Ladekapazität, einen geräumigen Laderaum und flexible Einsatzmöglichkeiten den europäischen Streitkräften die Fähigkeit geben, bei möglichen auftretenden inner- und außereuropäischen Krisen schnell reagieren und große Mengen von Material und Personal verlegen zu können. Neben den rein militärischen Aufgaben sollte das Flugzeug für die Evakuierung und Rettung von Staatsbürgern und humanitäre Hilfseinsätze bereitstehen. Insbesondere egenüber den Flugzeugtypen Herkules und Transall, welche der A400M ersetzen sollte, verdoppelte sich Nutzlast und Reichweite. Die Möglichkeit zur Luftbetankung erhöht die Reichweite darüber hinaus. Mit Umrüstsatz wird der Transporter seinerseits zum Tankflugzeug. Aber auch Feuerlöscheinsätze gehörten zum Anforderungsprofil.

Es sollen Lasten bis zum Umfang eines Schützenpanzers oder mittleren Hubschraubers aufgenommen werden. Die taktischen Fähigkeiten der Vorgängermodelle sollen weitgehend erhalten oder verbessert werden können. Dazu gehören der Tiefflug, autonome Operationen ohne Bodenpersonal, Bodeneinrichtungen und bodengestützte Landehilfen, die Kurzstart- und -Landefähigkeit auf unvorbereiteten Plätzen, der Steilabstieg und Allwettereinsatz. Fallschirmjäger sollen abgesetzt und Lasten

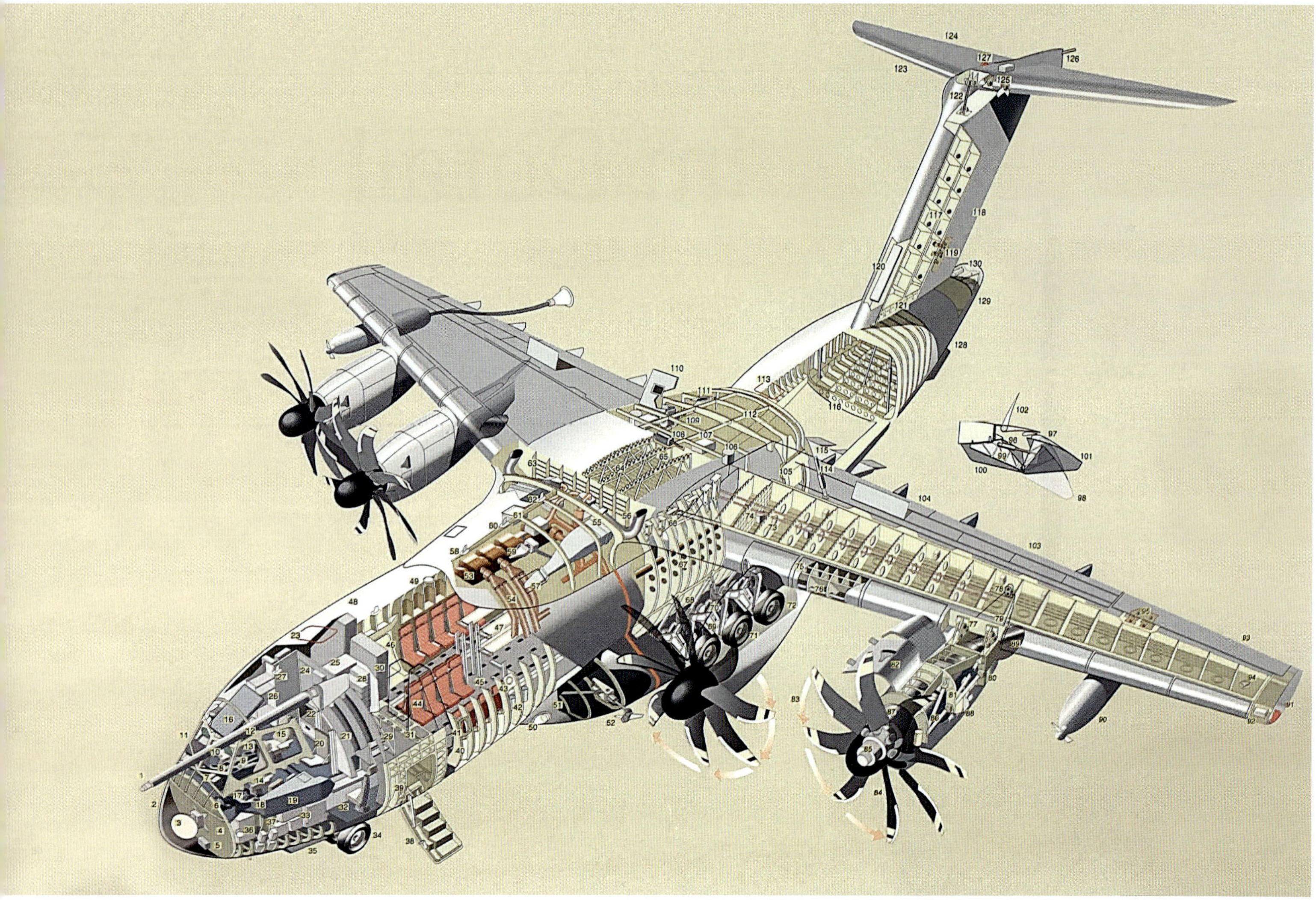

Airbus Defence and Space

Schematische Darstellung der A400M-Struktur und der Systeme (früher Bauzustand).

1 Luftbetankungssonde, 2 Radom, 3 Wetterradar, 4 vorderer Druckspant, 5 Antenne für Gleitpfad und Localizer, 6 Ruderpedale, 7 Instrumentenbrett mit 6 Farbbildschirmen, 8 Mittelkonsole mit zwei Bildschirmen, 9 Mittelkonsole mit Triebwerksschubhebel, Curser und Tastenfeld, 10 Sitz des Copiloten, 11 Windschutzscheibe, 12 Blickfelddarstellungsgerät, 13 Arbeitsplatz ein drittes Besatzungsmitglied bei taktischen Einsätzen, 14 Pilotensitz, 15 Sitz des dritten Besatzungsmitglieds, 16 Deckenkonsole, 17 Sidestick, 18 Steuerrad für Bugfahrwerk, 19 Seitenkonsole, 20 Klappsitz für Beobachter, 21 Stauraum im Cockpit, 22 zwei Liegen für die Crew, 23 oberer Notausstieg vorne, 24 Cockpittür, 25 Küche, 26 Wassertank, 27 IFF-Antenne, 28 Elektronikregal, 29 Treppe zum Cockpit, 30 Avionikraum, 31 Zwischenboden, 32 Arbeitsplatz Lademeister, 33 Elektronikraum unter dem Cockpit, 34 Bugfahrwerk nach vorne einziehbar, 35 Bugfahrwerkklappen, 36 vorderer Raketenwarnsensor, 37 Bugradschacht, 38 Einstieg für die Crew mit integrierter Treppe, 39 Struktur im Türbereich, 40 Sauerstoffflaschen, 41 vorderes Kabinenfenster, 42 OBOGS (Sauerstoffgenerator), 43 Scheinwerfer zur Kontrolle der Flügelvorderkante, 44 Truppensitze, 45 Frachtraumboden mit Frachtladesystem, 46 steuerbordseitiger Notausstieg, 47 Gestell für Krankentragen, 48 IFF- Antenne, 49 SATCOM- Antenne, 50 Landescheinwerfer, 51 linke Fahrwerksverkleidung, 52 ausklappbare Stauluftturbine, 53 Luftmischer der Klimaanlage, 54 Luftschächte, 55 Klimaanlage, 56 Luftauslass der Klimaanlage, 57 Lufteinlass der Klimaanlage, 58 TACAN Antenne, 59 OBOGS Wärmetauscher, 60 V/UHF-Antenne, 61 Schlauchbootbehälter, 62 CPRA/GADIRS-Antenne, 63 vorderer Holm des Flügelmittelkastens, 64 Rippen im Flügelmittelkasten, 65 hinterer Holm des Flügelmittelkastens, 66 Flügel-Rumpf-Befestigung, 67 Rumpfspanten, 68 Hauptfahrwerksschacht, 69 linkes Hauptfahrwerk, sechs Räder in Tandemausführung, nach hinten einfahrend, 70 Stoßdämpfer, 71 Räder mit Scheibenbremsen aus Karbon-Verbundstoffen, 72 Hauptfahrwerksklappe, 73 Integraltank im Flügel, 74 Kraftstoffpumpen, 75 feste Flügelvorderkante, 76 Enteisungskanal, 77 vordere Triebwerksgondel-Aufhängung, 78 hintere Triebwerksaufhängung, 79 vorderer Tragflächenholm, 80 Triebwerksaufhängung, 81 Brandschott, 82 Wartungsklappen, 83 gegenläufig rotierende Propeller, 84 Achtblattpropeller, 85 Anstellwinkelsteuerung des Propellers, 86 Europrop TP400-D6 Triebwerk, 87 Propellergetriebe, 88 Hilfsgerätegetriebe, 89 Triebwerksabgasdüse, 90 Gerät zur Luftbetankung, 91 Positionsleuchte, 92 Radarwarnempfänger, 93 Querruder, 94 Überlauftank, 95 Querrudermechanik, 96 Landeklappenmechanik, 97 Landeklappe mit festem Vorflügel, 98 Landeklappe maximal ausgefahren, 99 Klappenaufhängung, 100 Verkleidung der Klappenaufhängung, 101 Verkleidung unter der Landeklappe, 102 Bremsklappe, 103 äußere Landeklappe, 104 innere Landeklappe, 105 hintere Tür zum Absetzen von Fallschirmjägern, 106 Hydraulikbehälter, 107 Schlauchbootbehälter, 108 Hydraulikantrieb für die Klappen über Spindeln, 109 Hilfsgasturbine (APU), 110 APU Zugangsklappe, 111 Luftauslass APU, 112 Flügel-Rumpf- Verkleidung, 113 oberer Notausstieg hinten, 114 Hydraulikzylinder der Heckrampe, 115 Heckladerampe, 116 nach oben öffnende Frachtraumtür, 117 Seitenleitwerk, 118 Seitenruder, 119 Seitenrudermechanik, 120 HF-Antenne, 121 Befestigung des Seitenleitwerks, 122 Trimmung für das Höhenleitwerk, 123 Höhenleitwerk mit einstellbarem Anstellwinkel, 124 Höhenruder, 125 Höhenrudermechanik, 126 Flugtestantenne, 127 Kollisionswarnlicht, 128 Luftleitblech, 129 Heckkonus, 130 Selbstschutzsystem.

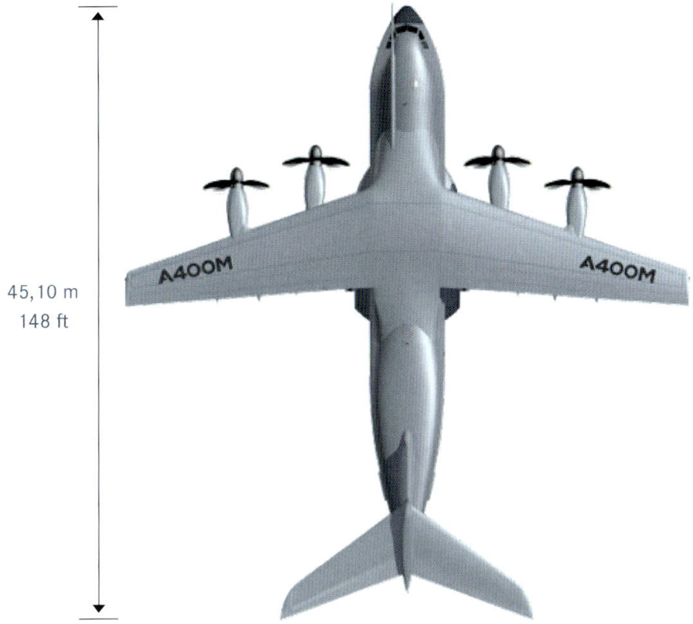

Specifications and Dimensions

Dimensions		
Overall length	45,10 m	148 ft
Overall height	14,70 m	48 ft
Wing span	42,40 m	139 ft
Cargo hold length (ramp excluded)	17,70 m	58 ft
Cargo hold height	3,85 - 4,00 m	12 ft 8 in - 13 ft 1 in
Cargo hold volume	340 m²	12 000 ft²
Weights		
Maximum Take Off Weight	141 000 kg	310 850 lb
Maximum Landing Weight	123 000 kg	271 000 lb
Maximum payload	37 000 kg	81 600 lb
Internal fuel weight (density 0,8 kg/l)	50 800 kg	112 000 lb
Engine		
EuroProp international TP400-D6	11 000 shp	8200 kw
Performance		
Maximum operating altitude	40 000 ft	12 200 m
Maximum cruise speed (TAS)	433 kt	802 km/h
Maximum cruise speed (CAS)	300 kt	556 km/h
Cruise Speed	0,68 - 0,72 M	
Range		
Range with maximum payload	1780 nm	3300 km
Range with 30 tonnes payload	2400 nm	4450 km
Range with 20 tonnes payload	3400 nm	6300 km
Ferry range	4800 nm	8900 km

Airbus Defence and Space

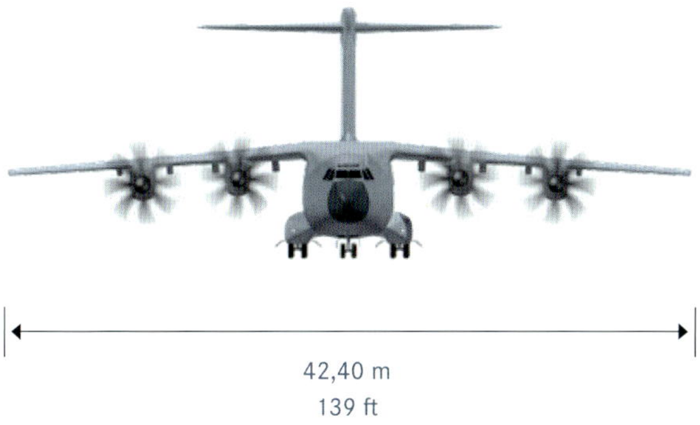

über eine Heckrampe ohne weitere Hilfsmittel ein- und ausgeladen oder im Flug aus großer Höhe oder in Bodennähe abgeworfen werden können.

Dafür muss der A400M mit einer Laderampe und einem Ladetor sowie einem Cargo-Handling-System ausgerüstet sein. Die gewählte Auslegung des A400M als Schulterdecker mit Turboprop-Antrieb entsprach der gängigen Konfiguration von Militärtransportern mit taktischen Anteilen im Einsatzprofil. Das Fahrwerk musste für den Betrieb auf weichen und unbefestigten Pisten ausgelegt werden.

Airbus Defence and Space

Die Zelle und deren Auslegung

Die Zelle der A400M ist eine aerodynamische Leichtbaukonstruktion, die extremen Belastungen beim taktischen Transport, bei Tiefflügen und auf unbefestigten Pisten standhält.

Das Flugzeug ist ein Schulterdecker mit T-Leitwerk und Druckkabine. 30 Prozent der Konstruktion, darunter die Flügel (ohne Flügelmittelkasten), bestehen aus Verbundwerkstoffen. Der Rumpf ist in konventioneller Metallbauweise ausgeführt und maßgeblich aus hochentwickelten Aluminium-Legierungen gefertigt.

Auch ein Großteil der Tragflächenstruktur, Leitwerke und Frachttüren bestehen aus hochmodernen CFK-Verbundwerkstoffen. Dies spart Gewicht ein, erhöht die Reichweite und verhindert Materialermüdung.

Dank seiner Zellenauslegung bietet das Flugzeug als Schulterdecker folgende Kernvorteile: Der Rumpf bietet für den Laderaum ein nutzbares Volumen von 340 m³. Durch diese Konstruktion befindet sich der Rumpf besonders tief über dem Boden, was das Be- und Entladen schwerer Fahrzeuge (wie beispielsweise des Schützenpanzers Puma) über die Heckrampe deutlich erleichtert.

Die Zelle des Airbus A400M besteht zu 30 % aus kohlenstofffaserverstärkten Verbundwerkstoffen (CFK). Der Rest ist aus einer weitgehend hochentwickelten Aluminium-Legierung gefertigt.

Airbus Defence and Space

Laderaum, Laderampe und Ladetor

Der Laderaum des Airbus A400M misst 17,70 Meter in der Länge, 4,00 Meter in der Breite und 3,85 Meter in der Höhe (hinter den Tragflächen bis zu 4,00 Meter). Er bietet Platz für bis zu 116 Soldatinnen/Soldaten oder schweres militärisches Gerät, wie beispielsweise Geländewagen oder Schützenpanzer.

Die Firma Rheinmetall Defence Electronics liefert das Loadmaster Control System. Es besteht aus einer Arbeitsstation und acht Seitenwand-Lock-Panels. Im Laderaum können bis zu neun militärische Standardpaletten (2,74 m × 2,23 m) zusammen mit 54 an den beiden Seiten sitzenden Soldaten oder bis zu 116 voll ausgestattete Soldaten bzw. Fallschirmjäger in vier Reihen transportiert werden. Für eine medizinische Evakuierung können 66 NATO-Standardkrankentragen mit bis zu 25-köpfigem medizinischem Personal aufgenommen werden. Für das Absetzen von Fallschirmjägern und um das Verlassen des Fallschirms aus der laminaren Strömung des Flugzeuges zu erleichtern, sind vor den seitlichen Springertüren ausfahrbare Windabweiser angebracht.

Die Laderampe des Airbus A400M wird hydraulisch betrieben. Sie ermöglicht das schnelle Be- und Entladen von bis zu 37 Tonnen Fracht, Fahrzeugen oder Containern und ist für das Absetzen von Lasten und Fallschirmjägern konstruiert. Die Heckrampe ist für den militärischen Einsatz angepasst. Das maximale Gewicht für Einzelfahrzeuge liegt bei 32 Tonnen. Das Rumpfheck mit der Rampe ist aerodynamisch so geformt, dass auch im Steilabstieg und bei geöffneter Ladeklappe eine hohe Längsstabilität im Flug gewährleistet ist.

Laderaum mit Blick in Flugrichtung.

Frank Vetter

Laderaum mit Blick in Richtung Laderampe.

Bernd Vetter

Bernd Vetter

An der Decke erkennt man den fahrbaren Ladekran.

Airbus Defence and Space

Die Laderampe des Airbus A400M wird hydraulisch betrieben. Sie ermöglicht das schnelle Be- und Entladen von bis zu 37 Tonnen Fracht. Das maximale Gewicht für Einzelfahrzeuge liegt bei 32 Tonnen.

Die komplexe Form des Tragflügels von der Seite gesehen.

Airbus Defence and Space

Die Tragflächen des Airbus A400M sind eine hochmoderne Konstruktion aus CFK- Verbundwerkstoffen, die den hohen Einsatz-Anforderungen gerecht werden.

Airbus Defence and Space

Rumpfheck

Das Rumpfheck des Airbus A400M ist hochkomplex, es bildet die strukturelle Basis für die Heckrampe und den Laderaum. Er ist maßgeblich für die strategischen und taktischen Ladekapazitäten des Militärtransporters verantwortlich. Es spielt eine entscheidende Rolle für die aerodynamischen Flugeigenschaften sowie für die extremen Belastungen während des Be- und Entladevorgangs. Der Rumpfquerschnitt ist nicht kreisrund, sondern so konstruiert, dass er einen fast flachen Boden ermöglicht, der optimal auf die Frachtraummaße abgestimmt ist.

Das Heck ist mit einer befahrbaren Heckrampe und Frachttüren ausgestattet, die den vollen Querschnitt des Frachtraumes öffnen. Es ist so konstruiert, dass es trotz des breiten Ladetors extremen Torsions- und Druckbelastungen standhalten kann.

Im Heckbereich wird, um Gewicht zu sparen, neben Aluminiumlegierungen verstärkt auf Titanlegierungen und moderne Faserverbundwerkstoffe (wie Kohlefaser) gesetzt.

Durch die geteilte Heckladerampe können während des Fluges schnell Fallschirmjäger abgesetzt werden. Im hinteren Rumpfbereich kann optional ein Schienensystem mit einem 5-Tonnen-Kran installiert werden, um das Be- und Entladen schwerer Paletten zu erleichtern.

Der Heckabschnitt kann bei Bedarf so konfiguriert werden, dass dort eine Betankungseinheit (Centerline Hose Drum Unit) Platz findet, um den A400M als fliegenden Tanker für Großflugzeuge einsetzen zu können.

Tragwerk

Das Tragwerk des Airbus A400M ist eine hochmoderne Konstruktion aus Kohlenstofffaser-Verbundwerkstoffen (CFK), die den hohen Einsatz-Anforderungen gerecht wird. Dies spart Gewicht, ermöglicht eine hohe Nutzlast und macht die Flügel besonders widerstandsfähig. Es ist auf maximale Auftriebskraft und Robustheit für den Betrieb auf unbefestigten Pisten ausgelegt. Das Tragwerk verfügt über eine hohe Streckung und ist als Schulterdecker konstruiert. Dies ermöglicht eine durchgehende, große Frachtraumhöhe, ohne dass die Tragflächenstruktur in den Laderaum hineinragt. Für den taktischen Einsatz im Tiefflug und für kurze Start- und Landewege ist das Tragwerk mit komplexen Landeklappensystemen (Fowler-Klappen) und Vorflügeln (Slats) ausgestattet. Dadurch kann das Flugzeug auch mit schweren Lasten langsam und sicher manövrieren.

Steuerklappen

Der Airbus A400M nutzt ein modernes, redundantes Fly-by-Wire-System. Die Steuerklappen (Querruder, Höhenruder, Seitenruder) werden elektronisch angesteuert und hydraulisch bewegt. Sie werden u.a. durch Liebherr-Aerospace gefertigt. Der A400M ist der erste Militärtransporter, der vollständig auf eine mechanische Steuerung der Hauptsteuerflächen verzichtet. So steuern die Steuerflächen die Bewegung um die Querachse (Höhenruder), Längsachse (Querruder) und Hochachse (Seitenruder). Die Servo-Steuereinheiten (Servo Control Units) von Liebherr setzen die elektrischen Signale der Flugcomputer (Flight Management System) präzise in hydraulischen Druck an den Klappen um.

Airbus Defence and Space

Durch Spindeln werden diese Auftriebshilfen, umgangssprachlich als Landeklappen bezeichnet, aus- bzw. eingefahren.

Der Bordcomputer überwacht die Flugparameter und verhindert, dass die Steuerklappen Befehle ausführen, die die strukturelle Integrität des Flugzeugs (maximale Belastung von 3g) gefährden. Zusätzlich zu den primären Steuerklappen verfügt das Flugzeug über komplexe Auftriebshilfen an den Tragflächen, die für den Langsamflug und den Kurzstreckenbetrieb essenziell sind. Das System nutzt eine speziell entwickelte Fixed-Vane Flap (eine doppelt geschlitzte Klappe), um bei Start und Landung den Auftrieb massiv zu erhöhen. Bremsklappen/Spoiler befinden sich auf der Tragflächenoberseite, um im Flug den Auftrieb zu reduzieren und als Luftbremse zu wirken oder nach dem Aufsetzen die Bremswirkung zu unterstützen.

Rumpfmittelteil

Das Rumpfmittelteil des Militärtransporters Airbus A400M ist das strukturelle Herzstück des Flugzeugs und wird maßgeblich am Standort Airbus Bremen montiert. Es ist eine komplexe Aluminium-Integralstruktur, die bei Flügen allen Kräften standhält, die durch die Tragflächen, das Fahrwerk und die Luftbremsen auf den Rumpf einwirken. Das über 32 Meter lange Rumpfsegment wird aus verschiedenen Komponenten gefertigt. Dank innovativer Konstruktionsweisen und eines hohen Anteils an Verbundwerkstoffen (ca. 30 % der Struktur) ist der Rumpf extrem leicht, aber dennoch hoch belastbar.

Leitwerk

Der Airbus A400M besitzt ein charakteristisches T-Leitwerk, bei dem das Höhenleitwerk an der Spitze des Seitenleitwerks montiert ist. Diese Bauweise sorgt für eine hohe Manövrierfähigkeit bei geringen Geschwindigkeiten und hält die Heckrampe für die Luftverladung komplett frei. Die T-Form verhindert, dass das Höhenleitwerk im Strömungsschatten (Wirbelschleppe) der Tragflächen liegt. Das Seitenleitwerk wird weitgehend aus kohlenstofffaserverstärktem Kunststoff (CFK) gefertigt, um Gewicht zu reduzieren.

Das über 32 Meter lange Rumpfsegment wird aus verschiedenen Komponenten gefertigt und in Bremen zusammengefügt. Nach der Montage in Deutschland werden die Rumpfteile unter anderem mit dem Großraumtransporter Airbus Beluga zur Endmontagelinie ins spanische Sevilla transportiert.

Airbus Defence and Space

Frank Vetter

Der Airbus A400M besitzt ein charakteristisches T-Leitwerk, bei dem das Höhenleitwerk an der Spitze des Seitenleitwerks montiert ist. Das Seitenleitwerk wird weitgehend aus kohlenstofffaserverstärktem Kunststoff (CFK) gefertigt, um massiv Gewicht einzusparen. Die Komponenten des Leitwerks entstehen an verschiedenen europäischen Standorten. Das Seitenleitwerk wird im deutschen Airbus-Werk in Stade gebaut, während das Höhenleitwerk aus dem spanischen Tablada stammt.

Airbus Defence and Space

Alles im Blick

Cockpit und Avionik

Der A400M ist mit einem Fly-by-Wire-Flugsteuerungssystem ausgestattet. Das Cockpit ist voll nachtsichtkompatibel und bietet Platz für die beiden Piloten und ein zusätzliches Besatzungsmitglied für besondere Operationen. Das Cockpit ist mit zwei Head-up-Displays (HUD) und acht Flüssigkristallbildschirmen (LCD, 6x8 Zoll) ausgestattet. Je drei Bildschirme stehen für jeden Piloten (primäres Flugdisplay, Navigationsdisplay und Videodisplay) und zwei gemeinsame Bildschirme für die Überwachung und das Flight Management System zur Verfügung. Das HUD ist als primäres Display zertifiziert. Das Flugmanagementsystem (FMS400) der Firma Thales Avionics S.A. und Diehl Aerosystems GmbH ist eine Weiterentwicklung des Flugmanagementsystems vom Airbus A380. Das optionale EVS-Sichtverstärkungssystem (Enhanced Vision System) zur perspektivischen Geländedarstellung auf den Bildschirmen basiert auf einem nach vorne gerichteten Infrarot-Sensor (Forward Looking Infrared). Die automatische Überwachung der Flugparameter (Flight envelope protection) beschränkt die maximale Belastung im taktischen Einsatz auf 3g und den Neigungswinkel in Steilkurven auf 120°. Die maximale Rollrate ist mit 30 Grad je Sekunde doppelt so hoch wie bei zivilen Airbus-Modellen.

Cockpit Displays

Mit Beginn der Entwicklungsphase des A400M, Anfang der 1980er-Jahre, war es ein erklärtes Ziel, innovative technische Ideen aus der militärischen, als auch aus der zivilen Luftfahrt in die Konzeptionierung mit einfließen zu lassen. So bediente man sich beispielsweise bei diversen Avionik-Komponenten auch aus anderen zivilen Projekten, wie z.B. dem Airbus A380. Dies wird bei genauer Betrachtung und Vergleich der beiden Cockpits deutlich.

Komponenten welche z.B. aus dem Airbus A380 übernommen wurden, sind die insgesamt acht (+1) Liquid Crystal Displays, welche die herkömmlichen analogen Anzeigen, wie man sie bis dato aus älteren Mustern wie der C-160 Transall oder der Lockheed Martin C-130 Hercules kannte, ersetzten. Bei der Entwicklung der LCD-Displays wurde großer Wert auf Wartungsfreundlichkeit und die einfache Austauschbarkeit der LCD-Displays geachtet. So kann jedes LCD-Display auf jede beliebige Position im Cockpit verbaut werden, da die Display Einheiten hinsichtlich der Hard- und Software identisch sind und ihre Funktion durch den eigentlichen Einbauort durch Hardware-Pin-Programming festgelegt wird.

Des Weiteren wird zwischen den Displays unterscheiden, ob diese als Multifunktions-Display (MFD) oder als Display für die elektrische zentralisierte Luftfahrzeug-Überwachung (ECAM) eingesetzt werden. Von den insgesamt acht Displays (neun in der deutschen und in der französischen Konfiguration) sind lediglich sechs bzw. sieben Displays (je nach Konfiguration) Multifunktions-Displays (MFD). Die MFDs ermöglichen es unterschiedliche Bild-Formate dazustellen. Dabei wird grundlegend zwischen Display-Formaten und Management-Formaten unterschieden. Display-Formate zeichnen sich dadurch aus, dass sie lediglich eine Anzeige erzeugen, welche keine Interaktion seitens der Flight Crew zulässt. Es handelt sich also um Display-Formate, wie das Primary Flight Display (PFD), welches ausschließlich Informationen zum derzeitigen Flugzustand anzeigt.

Die zweite Form der Display-Formate ist das sogenannte Management-Format. Dieses ermöglicht der Besatzung selbst mit dem Display-System und dem angezeigten Inhalt zu interagieren. Die Steuerung erfolgt durch eine KCCU (Keyboard and Curser Control Unit), welche im Wesentlichen eine verkleinerte und optimierte Version einer Computertastatur und Maus darstellen.

Die Einbindung einer zeitgemäßen und modernen Avionik stand für das A400M-Projekt von Beginn der Entwicklung an im Fokus. So hielten im Teilsystem des »Control and Display System« (CDS) auch hier diverse unterschiedliche Avionik-Daten-Busse Einzug in das Cockpit. Die einzelnen Displays kommunizieren mit der übrigen Luftfahrzeug-Avionik unter anderem über den ARINC 664 Standard, der auch als AFDX-Netzwerk (Avionics Full Switched Ethernet) bezeichnet wird. Dieser Daten-Bus-Standard ermöglicht die bidirektionale, sichere und schnelle Daten Übermittelung zwischen einzelnen LRUs (Line Replaceable Units), also den Computern der einzelnen Luftfahrzeug-Teilsysteme.

Flugsteuerung

Die Flugsteuerung des Airbus A400M ist unterteilt in die primäre Steuerung (Querruder, Höhenruder, Seiten-

Airbus Defence and Space

Cockpit Layout des A400M
Die Master-Instrumentierung besteht aus zwei »Head Up Displays« im Sichtfeld der Piloten und fungieren als Primary Flight Displays. Unterhalb des Glare Shields befinden sich acht große »Head-Down Displays« (HDD). Die Flugsteuerung wird über zwei Side Stick Controllers im linken bzw. rechten Armlehnen-Bereich vorgenommen. Hinter dem Pedestal befindet sich für ein drittes Crew-Mitglied ein weiteres »Head-Down Display« (HDD).

ruder, Spoiler) und die sekundäre Steuerung (Flügelklappen). Nach heutigem Standard im Flugzeugbau ist die gesamte Anlage als Fly-by-Wire System ausgelegt.

Die hochmoderne, digitale Fly-by-Wire-Flugsteuerung des Airbus A400M bietet außergewöhnliche Wendigkeit und Flexibilität. Gesteuert wird über seitliche Steuerknüppel (Sidesticks). Dank der digitalen Flugsteuerung verfügt das Flugzeug über weltweit einzigartige Fähigkeiten für einen Militärtransporter. Es kann automatisch in geringer Höhe Hindernissen ausweichen (Automatic Terrain Following) und auf unbefestigtem Gelände, wie Sandpisten, landen. Zudem dient die Avionik als fliegendes Kontrollzentrum, von dem aus beispielsweise Drohnen im Flug gesteuert werden können.

Durch einen gewissen Grad an Automatisierung im Bereich der Steuerung konnte die Arbeitsbelastung der Piloten in einigen Bereichen reduziert werden, um menschliche Ressourcen für den militärischen Auftrag zur Verfügung zu halten. So wird das Luftfahrzeug zum Beispiel während des Fluges bei einem sich ändernden Schwerpunkt (z.B. durch Lastabwurf) automatisch um die Querachse nachgetrimmt.

Aufgrund des Systemdesigns ist die Flugsteuerung in der Lage, auf eine Vielzahl an Fehlern eigenständig zu reagieren und sich selbst zu rekonfigurieren, z.B.

Airbus Defence and Space

Blick durch das primäre Anzeigesystem des Head-Up-Display (HUD).

bei einem Ausfall der hydraulischen Druckversorgung oder auch Flugsteuerungscomputer.

Selbst ein Komplettausfall der gesamten elektrischen Versorgung kann von der Steuerung kompensiert werden, solange in diesem Fall noch hydraulischer Druck zur Verfügung steht.

Flugregelanlage

Die Abkürzung AFCS steht beim Airbus A400M für das Automatic Flight Control System (Automatisches Flugsteuerungssystem). Es ist ein zentrales Avionik- und Fly-by-Wire-System, das die Piloten bei komplexen Missionen, dem präzisen Halten von Flugbahnen sowie beim Lastenausgleich in Turbulenzen unterstützt. Das System entlastet die Besatzung bei der Navigation, dem Lastenabwurf, der Luftbetankung sowie bei Landungen auf unbefestigten Pisten. Es ist als redundantes Fly-by-Wire-System ausgelegt, um Sicherheit und Zuverlässigkeit in allen Fluglagen zu gewährleisten. Es arbeitet eng mit dem Flight Management System (FMS) des Flugzeugs und der Sensorik für Außenlasten oder unbemannte Missionen zusammen.

Funk- und Navigationsausrüstung

Der Airbus A400M verfügt über ein hochmodernes, militärisch angepasstes Avionik- und Kommunikationssystem. Es integriert zivile Flugsicherheitsstandards mit verschlüsselter Militärtechnik, um Besatzungen bei komplexen Transport- und Kampfeinsätzen zu unterstützen. Die Navigation erfolgt redundant über verschiedene Sensoren, die in zentralen Rechnern (den sogenannten GADIRUs) zusammenlaufen.

Davon gibt es drei redundante Systeme, inklusive eingebauter Luftdatensysteme. Spezielle, militärische GPS-Empfänger mit integriertem Störschutz (Anti-Jamming) und automatisch abstimmbare Systeme wie VOR,

DME und das militärische TACAN (Tactical Air Navigation) System, welches zur Navigation verwendet wird und die Aviation Today Anflugsysteme wie ein Multimode-Empfänger für ILS (Instrumentenlandesystem) und MLS (Microwave Landing System). Optional sind Geländemaskierungs- und Geländenachführungssysteme für den Tiefflug verfügbar.

Cockpit-Integration

Die Kommunikation und Navigation wird über interaktive, rekonfigurierbare Bildschirme (Cockpit-Integration Glass Cockpit & HUD) gesteuert. Beide Piloten verfügen zusätzlich über duale Head-Up-Displays (HUD), die wichtige Navigationsdaten direkt in das Sichtfeld projizieren sowie über ein Enhanced Vision Systems (EVS) zur Darstellung von Infrarotbildern für bessere Sicht bei schlechtem Wetter oder bei Dunkelheit.

Kommunikationssysteme

Die Funk- und Kommunikationsausrüstung stammt unter anderem von der Thales Group. Diese nutzt die Integrated Modular Avionics-Architektur (IMA). Zum Einsatz kommen unter anderem Multi-Mode-VHF/UHF-Funkgeräte für verschlüsselte Kommunikation mit Bodenstationen, Einsatzleitung und anderen Luftfahrzeugen. Die A400M-Flotte ist mit hochmodernen Sicherheits-Satellitenkommunikationssystemen, wie z.B. dem AVIATOR 700S von Thales, ausgestattet, welche über Dienste wie Inmarsat und Viasat globale Verbindungen in hoher Datenqualität ermöglichen.

Elektrische Anlagen

Das elektrische Netzwerk des A400M besteht aus zwei Teil-Gruppen, dem stromerzeugenden und dem stromverteilenden Teil. Dabei unterscheidet man bei dem stromerzeugenden Teil zwischen vier weiteren Unterkategorien: Normale Wechselstromerzeugung durch die vier Triebwerksgeneratoren, Wechselstromerzeugung für On-Board-Equipment durch insgesamt vier Spannungswandler, Wechselstrom Notversorgung und Gleichspannungsversorgung.

Hauptwechselstromerzeugung

Die primäre Stromversorgung im Flug wird im normalen Betrieb durch die vier Triebwerksgeneratoren mit variabler Ausgangsfrequenz sichergestellt. Das bedeutet, dass an den Generatoren keine stabilisierte Netzfrequenz ausgegeben wird und diese in einem Frequenzbereich zwischen 400Hz bis 620Hz liegen kann. Ältere Luftfahrzeuge sind im Gegensatz dazu meist mit einem sogenannten Constand Speed Drive (kurz CSD) ausgestattet, um die Bordnetzfrequenz auf konstante 400Hz zu halten und damit Schäden an der Avionik zu unterbinden. Im A400M sind die elektrischen Verbraucher durch elektronische Schutzmaßnahmen in den Geräten vor Schäden durch Frequenzschwankungen geschützt. Des Weiteren besitzen die Triebwerksgeneratoren ein eigenes Ölschmiersystem, welches die Schmierung und Kühlung des Generator-Rotors sicherstellt. Das Generator-Ölschmiersystem ist unabhängig vom Triebwerkölsystem.

Zur Notstromerzeugung bei einem möglichen Triebwerksausfall steht eine Ram Air Turbine zur Verfügung. Sie wird automatisch aus der vorderen linken Fahrwerksgondel ausgefahren. Eine kleine Luftschraube treibt einen Generator an.

Luftwaffe

Die Generator und Ground Power Control Unit

Das Zuschalten beziehungsweise Isolieren des Triebwerkgenerators erfolgt durch eine sogenannte Generator Ground Power Control Unit (GGPCU). Dabei handelt es sich um eine Kontrolleinheit, welche zum einen den technischen Status des Generators überwacht, als auch die Ausgangsspannung und den Ausgangsstrom des entsprechenden Generators misst. Die GGPCU erhält außerdem auch eine Status-Information vom Elektrik Netzwerk Verteiler (Elektric Network Management Funktion kurz ENMF), um sicherzustellen, dass der respektive AC-Bus nicht bereits durch eine andere Wechselspannungsquelle versorgt wird. Jeder Triebwerksgenerator hat dabei seine eigene GGPCU, welche die Generator-Parameter überwacht und die Steuerung des Generators übernimmt.

Alternative Wechselspannungsquellen

Als alternative Wechselspannungsquelle steht dem A400M außerdem auch noch ein Generator zur Verfügung, welcher durch das Hilfstriebwerk (Auxiliary Power Unit kurz APU) angetrieben wird. Hierbei erzeugt der Generator des Hilfstriebwerks im Gegensatz zu dem Triebwerks-Generator eine konstante Netzfrequenz von 400Hz. Die konstante Frequenz wird dabei durch gezielte Anpassung des Kraftstoffflusses in die Brennkammer des Hilfstriebwerks erreicht. Das Hilfstriebwerk dreht damit mit einer gleichbleibenden Geschwindigkeit und treibt über das Getriebe des Hilfsgeräteträgers den entsprechenden Generator an.

Notstrom Einrichtungen

Die Notstromerzeugung setzt sich im A400M im Wesentlichen aus zwei Hauptkomponenten zusammen. Dafür steht eine Ram Air Turbine und ein Wechselrichter zur Verfügung. Kommt es während des Fluges entweder zum totalen Triebwerksausfall oder dem Verlust von allen zur Verfügung stehenden stromerzeugenden Mitteln, wird automatisch ein kleiner, durch eine Luftschraube angetriebener Generator aus der vorderen linken Fahrwerksgondel ausgefahren.

Kraftstoffanlage

Die Kraftstoffanlage des Airbus A400M ist ein computergesteuertes System. Sie fasst intern rund 63.500 Liter (etwa 50 Tonnen) Kerosin und ermöglicht dank des flexiblen Designs nicht nur den Eigenbetrieb, sondern macht das Flugzeug auch zu einer vollwertigen »fliegenden Tankstelle«. Weiterhin ist es möglich, am Boden Kraftstoff an andere Luftfahrzeuge abzugeben.

Bei Bedarf können im Frachtraum zwei zusätzliche Tankcontainer installiert werden (je 7.200 Liter Fassungsvermögen). Ein intelligentes Kraftstoffmanagementsystem verteilt den Treibstoff automatisch auf die Haupt- und Tragflächentanks, um den Schwerpunkt des Flugzeugs stets optimal auszugleichen.

Bei einer Luftbetankung kann der A400M bis zu 1.800 kg Kerosin pro Minute an andere Luftfahrzeuge abgeben. Auch können zwei Betankungsbehälter der britischen Firma Cobham unter den Tragflächen angebracht werden. Der A400M deckt einen relativ großen Geschwindigkeitsbereich ab. Hierdurch wird das Betanken sowohl von Kampfflugzeugen als auch von Hubschraubern und Transportflugzeugen möglich.

Hydraulikanlage

Die hydraulische Druckerzeugungsanlage des Airbus A400M ist in zwei unabhängige Kreise unterteilt, welche stringent voneinander getrennt sind, um eine gegenseitige Beeinflussung (zum Beispiel bei Flüssigkeitsverlust) durch externe Einwirkungen auszuschließen.

Um während des Fluges immer einen ausreichenden Druck in den beiden Arbeitskreisen zur Verfügung zu haben, ist jedes Triebwerk mit einer hydraulischen Pumpe ausgestattet, welche permanent mechanisch vom Triebwerk angetrieben wird. Beide Kreise können am Boden auch unabhängig von Bodendienstgeräten und Triebwerken betrieben werden.

Dies wird über jeweils eine elektrisch angetriebene Pumpe pro Kreis ermöglicht, welche auch wieder unabhängig mit elektrischer Energie vom Generator der Hilfsturbine (APU) versorgt werden kann.

Bei der Auslegung des Systemdesigns wurde besonderes Augenmerk darauf gelegt, im Falle von Teilausfällen/Systemfehlern systematisch alle »nicht flugrelevanten Systeme« von der Versorgung zu trennen, um so die Flugsteuerung so lange wie möglich mit hydraulischem Druck versorgen zu können.

Luftwaffe

Betankungsvorgang am linken Fahrwerksausleger.

Airbus Defence and Space

Testanlage für das gesamten Tanksystem.

Luftwaffe

Luft-Luft-Betankung
Bei Bedarf können im Frachtraum bis zu zwei zusätzliche Tankcontainer installiert werden. Sie fassen je 7.200 Liter Kraftstoff. Mittels der Hose Drum Unit (HDU) können größere Mengen Kerosin z.B. an Transportflugzeuge abgegeben werden.
Bei einer Luftbetankung kann der A400M mit dieser Einrichtung bis zu 2.100 Liter Kerosin pro Minute an andere Luftfahrzeuge abgeben. Das System stammt von Cobham.

Luftwaffe

An einigen Flugzeugen der Luftwaffe ist die HDU montiert. Sie schränkt allerdings die Laderaumnutzung ein.

Luftwaffe

Die Betankung kann an Bord verfolgt und kontrolliert werden. Dazu stehen u.a. Kamerasysteme zur Verfügung.

Bernd Vetter

Tragflächen-Betankungsbehälter (AAR-Pod) der britischen Firma Cobham. Zu sehen ist der Schlauch-Ausfahrmechanismus.

Bernd Vetter

Antriebsmechanismus der Schlauchtrommel im Tragflächen-Betankungsbehälter.

Luft-Luft-Betankung zweier Hubschrauber. Hierbei wird ein modifiziertes Korb-System und ein längerer Schlauch verwendet.

Airbus Defence and Space

Fahrwerk

Das Fahrwerk des Airbus A400M entspricht modernsten Standards und besitzt darüber hinaus zusätzliche Fähigkeiten eines typischen Militärtransportflugzeugs. Das Hauptsystem Fahrwerk ist unterteilt in verschiedene Untersysteme wie Bug- und Hauptfahrwerk und deren dazugehörige Fahrwerkklappen, Räder-, Reifen- und Bremsensystem, Ein- und Ausfahrsystem, das Lenksystem am Boden sowie das sogenannte »Kneeling«-System.

Das Bugfahrwerk ist mit zwei ungebremsten Bugfahrwerksreifen ausgestattet. Das Hauptfahrwerk hingegen besitzt zwölf deutlich größere Hauptfahrwerksreifen. Die Reifen sind schlauchlos und aus vulkanisiertem Kautschuk gefertigt. Die an jedem Hauptfahrwerksbein installierten Räder können durch Mehrscheibenbremsen aus Carbon gebremst werden. Das Bremssystem des A400M verfügt über ein Anti-Blockier-System, das zum Beispiel bei nasser Landebahn das Blockieren der Räder verhindert und dafür sorgt, dass alle Räder die gleiche Rollgeschwindigkeit haben. Das System zum Ein- und Ausfahren des Fahrwerks ist hydraulisch gesteuert. Es wird rein mechanisch verriegelt. Es kann im Notfall über elektrische Stellmotoren entriegelt und mit Hilfe der Schwerkraft ausgefahren werden. Der A400M wird über eine Bugradlenkung am Boden manövriert. Das »Keeling«-System wird zum Absenken des Luftfahrzeuges am Boden verwendet. Es ermöglicht beispielsweise eine Verringerung des Beladewinkels zwischen dem Frachtraumboden im Luftfahrzeug und der Laderampe. Des Weiteren ermöglicht es ein Anheben jedes einzelnen Hauptfahrwerkbeins für einen anstehenden Radwechsel auch ohne Aufbocken des gesamten Luftfahrzeuges. Im Zusammenspiel mit der Bugradlenkung kann außerdem durch Anheben der beiden vorderen Hauptfahrwerksbeine ein geringerer Radius zum Wenden des Luftfahrzeugs am Boden erreicht werden.

Landeanflug mit ausgefahrenem Fahrwerk.

Airbus Defence and Space

Fahrwerk mit abgebauten Rädern. Gut sichtbar sind die Bremsscheiben.

Bernd Vetter

Airbus Defence and Space

Fahrwerk-Teststand.

Bernd Vetter

Bernd Vetter

Radwechsel am Hauptfahrwerk (links) und der Bugradreifen (rechts).

Druck-Klimaanlage und Belüftung

Die Aufgabe der Druck-Klimaanlage des Airbus A400M ist die Sicherstellung einer komfortablen Umgebung an Bord in Bezug auf Kabinendruck, Temperatur, Luftfeuchtigkeit und Luftstrom in jeder Flughöhe zu schaffen. Dafür besteht die Klimaanlage aus insgesamt vier Untersystemen: dem Air Cooling Subsystem, Temperature Control Subsystem, Air Distribution Subsystem und dem Pressurization Subsystem, welches die Aufgaben der Druckregelung übernimmt.

Das Air Cooling Subsystem kühlt die vom Pneumatik-System zur Verfügung gestellte Zapfluft der Triebwerke. Diese hat circa eine Temperatur von 200°C, und wird in den beiden Airconditioning Packs je nach externen Bedingungen auf eine Temperatur zwischen 0° und 20°C gekühlt und gleichzeitig entfeuchtet.

Die Aufgabe des Temperature Control System ist die von der Besatzung gewünschte Temperatur im Luftfahrzeug zu erzeugen. Hierzu wird die gekühlte und entfeuchtete Luft des Air-Cooling Subsystems mit heißer Zapfluft durch die sogenannten Temperature Control Valves gemischt. Die Temperatur kann in vier verschiedenen Bereichen im Luftfahrzeug individuell geregelt werden. Diese Bereiche sind das Cockpit sowie drei Bereiche im Laderaum. Der Laderaum (Cargohold) ist in folgende Bereiche mit individueller Temperaturregelung unterteilt: der Bereich um die Loadmaster Workstation, der vordere Cargohold sowie der hintere Cargohold.

Hierbei kann im Cockpit und im Bereich der Loadmaster Workstation ein Temperaturbereich zwischen 18° und 30°C und für den vorderen wie hinteren Cargohold ein Temperaturbereich zwischen 10° und 30°C gewählt werden.

Das Air Distribution Subsystem ist für die Verteilung der entsprechend temperierten Luft in den verschiedenen Bereichen des Luftfahrzeuges verantwortlich. Zusätzlich reinigt es die Luft mit Hilfe von HEPA-Filtern. Eine weitere wichtige Funktion ist die Smoke Removal Funktion, welche eine schnelle Rauchentfernung aus dem Luftfahrzeug ermöglicht.

Ebenso ist die Funktion Emergency Ram Air Inlet eine wichtige Notfallfunktion. Hier wird bei Ausfall der Druck-Klimaanlage eine Versorgung der Personen an Bord mit Luft zum Atmen bis zu einer Flughöhe von 10.000 Fuß ermöglicht.

Damit die Personen an Bord auch in großen Flughöhen ohne Hilfsmittel atmen können, ist die Maschine mit dem Pressurization Subsystem ausgestattet. Dieses System regelt den Kabinendruck bis zur maximalen Flughöhe von 40.000 Fuß auf eine Kabinenhöhe von 9.000 Fuß.

Eine Besonderheit und im Gegensatz zu zivilen Airlinern ist es im A400M möglich den Kabinendruck auf den Außendruck der Flughöhe anzupassen. Diese Funktion wird benötigt, um Absetz-Missionen in großer Höhe durchführen zu können und steht bis zur maximalen Flughöhe von 40.000 Fuß zur Verfügung. Natürlich müssen die Personen an Bord bei Nutzung dieser militärischen Fähigkeit durch entsprechende Systeme mit Atemsauerstoff gesondert versorgt werden.

Vereisungsschutzanlage

Die Vereisungsschutzanlage der Airbus A400M ist ein essenzielles System, um das Flugzeug vor Eisansatz in der Luft und Vereisung am Boden zu schützen. Sie teilt sich in mehrere hochspezialisierte Komponenten auf, die von Liebherr-Aerospace und anderen Zulieferern entwickelt wurden. Für den Flächen-Eisschutz (Wing Anti-Ice) werden die Vorderkanten der Tragflächen mit heißer Zapfluft (Engine Bleed Air) von den Triebwerken beheizt, um Eisbildung zu verhindern (Anti-Icing) oder bereits entstandenes Eis zu entfernen (De-Icing). Für die Triebwerks-Enteisung (Nacelle Anti-Ice) werden ebenfalls die Einlässe der vier Propellerturbinen durch das Zapfluftsystem dauerhaft eisfrei gehalten. Die aerodynamisch hochentwickelten Propellerblätter verfügen über integrierte elektrische Heizelemente.

Da sich bei den großflächigen Propellern der A400M Eisbrocken lösen und mit hoher Geschwindigkeit gegen den Rumpf geschleudert werden können, ist die Maschine im gefährdeten Rumpfbereich mit speziellen, schlagzähen Thermoplast-Platten ausgestattet.

Für die Triebwerks-Enteisung (Nacelle Anti-Ice) werden die Einlässe der vier Propellerturbinen durch das Zapfluftsystem dauerhaft eisfrei gehalten. Die aerodynamisch hochentwickelten Propellerblätter verfügen über integrierte elektrische Heizelemente. Hier werden diese mittels Schneekanonen getestet.

Airbus Defence and Space/A.Doumenjou

Airbus Defence and Space/S.Ramadier

Antrieb

Aufgrund von Forderungen wie Langsam-Flugeigenschaften, Start- und Landung auf unbefestigten Pisten sowie niedrige Betriebskosten kam als Antrieb für den A400M nur ein Turboprop-Triebwerk in Frage.

Die Entscheidung zugunsten eines Turboprop-Antriebes mit vier Triebwerken fiel aus folgenden Gründen: Der geringere Kraftstoffverbrauch des Turboprop-Antriebes gegenüber dem Turbofanantrieb (ca. 20 % weniger) ergibt ein geringeres Kraftstoffunterbringungsvolumen und damit ein kleineres und leichteres Flugzeug. Hierdurch werden die Betriebskosten reduziert und die Manövrierbarkeit verbessert.

Mit dem Turbopropantrieb konnten verschiedene taktische Forderungen besser erfüllt werden (Start- und Landeleistung, Steilabstieg, Rückwärtsrollen, Langsamflug, rascheres Ansprechen auf Schubwechsel im Tiefflug). Der bereits bei geringen Fluggeschwindigkeiten von den Propellern über die Flügel beschleunigte Luftstrom trägt so wesentlich zum Auftrieb bei, dass die Auftriebshilfen einfacher und robuster ausgelegt werden konnten und bewegliche Vorflügel nicht erforderlich waren. Entsprechend besteht eine geringere Anfälligkeit für Schäden durch Fremdkörper auf unvorbereiteten Plätzen. Der Lufteinlass liegt höher über dem Boden und ist mit einem Fremdkörperabscheider versehen. Diesen überwiegend im taktischen Einsatzspektrum wirksamen Vorteilen steht eine geringere Fluggeschwindigkeit als bei strategischen Transportern mit Turbofan-Antrieb gegenüber.

Zu Beginn der Entwicklung existierten bis auf das in der An-70 eingesetzte Triebwerk Progress D27 kein Antrieb in der geforderten Leistungsklasse.

Nach einem ersten Auswahlprozess wurde das Konsortium Aero Propulsion Alliance, bestehend aus den Unternehmen Fiat Avio, ITP Spanien, MTU Aero Engines Deutschland, Rolls-Royce, Snecma Moteurs und Techspace Aero ausgewählt, um ein passendes Turboprop-Triebwerk zu entwickeln. Das auf der Basis des Kerntriebwerks M88-2 von Snecma zu entwickelnde TP400-D1 wurde aber bereits in der Planungsphase verworfen. Da weder die geforderten Leistungsdaten noch die erforderliche Wirtschaftlichkeit zu erreichen war, wurde eine zweite Ausschreibung durchgeführt. Zur Auswahl standen ein Angebot von Pratt & Whitney

Einbauposition eines TP400-D6-Triebwerks an einem A400M mit Getriebe und Propeller. Man erkennt ohne die Abdeckungen die sehr gute Zugänglichkeit zu allen Komponenten.

Bernd Vetter

Canada (P&WC) und ein Angebot eines weiteren europäischen Triebwerkskonsortiums Europrop International GmbH (EPI), bestehend aus den Unternehmen ITP Aero, MTU Aero Engines, Rolls-Royce und Safran Aircraft Engines. Letztlich wurde das TP400-D6 als Antriebslösung für den A400M ausgewählt.

Das neue Design des 3-Wellen-Turboprop-Triebwerkes TP400-D6 mit abgesetztem Getriebe und untenliegendem Lufteinlass, basiert auf erprobter Technologie.

- Leistung: 10.000 Wellen-PS (SHP)-Klasse, erlaubt eine Langstrecken-Reisegeschwindigkeit von 740 km/h (M 0.68) und taktische Tiefflug-Operationen mit 556 km/h (300 kts).
- Triebwerke und Propeller werden über das FADEC-System gesteuert, wobei ein einziger Leistungshebel pro Triebwerk die Arbeitsbelastung des Piloten reduziert.

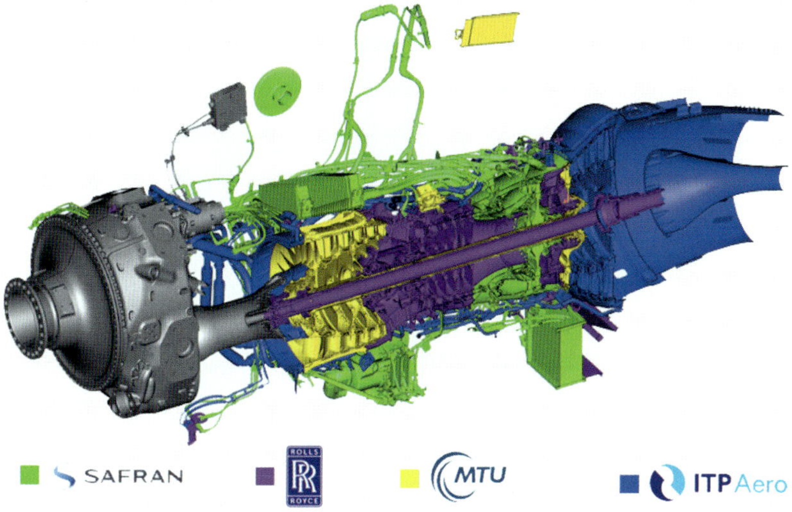

EPI

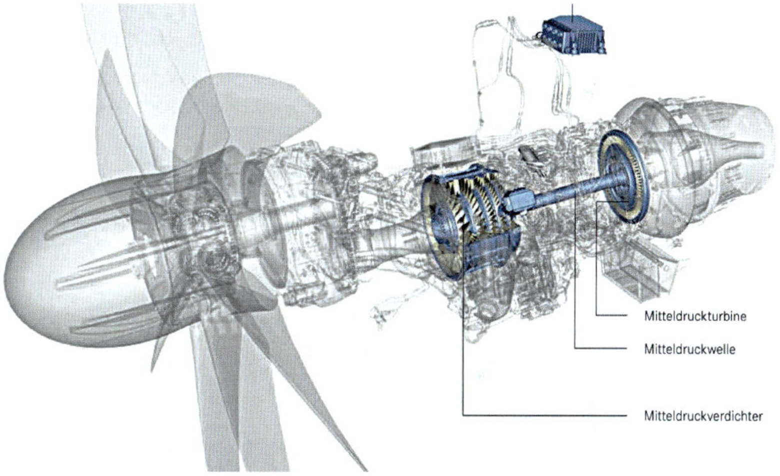

MTU

Rechts oben: Das europäische Triebwerkskonsortiums Europrop International GmbH (EPI), bestehend aus den Unternehmen ITP Aero, MTU Aero Engines, Rolls-Royce und Safran Aircraft Engines, erhielt den Zuschlag als Motorenlieferant für das Triebwerk TP400-D6.
Rechts: MTU-Anteil des TP400-D6 Triebwerks: Programmanteil: 22,2 %, Entwicklung und Fertigung von Mitteldruckverdichter, -welle und -turbine; Beteiligung an der Triebwerksregelung; Endmontage bei der MTU in München; Triebwerkserprobung bei der MTU Maintenance Berlin-Brandenburg und Instandhaltung bei der MTU in München.

EPI

Das TP400-D6 auf dem Luftfahrtsalon in Paris. Rechts ist das Untersetzungsgetriebe (ohne Propeller) zu erkennen.

Am 17.Dezember 2008 hob erstmals ein C-130 Herkules Testträger von Marshall Aerospace in Cambridge zu einem Testflug mit einem fertig montierten TP400-D6-Triebwerk ab. Das Zusammenspiel der Triebwerke nennt sich »abwärts zwischen den Triebwerken« (Down Between the Engines, DBE), mit folgenden vorteilhaften Aspekten:

- Symmetrischen Luftstrom
- Gewichtseinsparung
- Reduzierung der Flügellasten
- Kleineres Leitwerk, leichterer Flügel
- Bessere Auftriebsverteilung, verbesserter Gesamtauftrieb
- Lärmreduzierung im Frachtraum
- Verbesserte »Handling-Qualität«

Airbus Defence and Space

Der 8-blättrige, von Ratier-Figeac FH386 gefertigte Propeller, ist zum Einbau vorbereitet. Ganz rechts: der Verstell-Mechanismus der Propellerblätter.

Bernd Vetter

Bernd Vetter

Um die Anforderungen des A400M zu erfüllen, zeichnet sich das TP400-D6 durch ein fortschrittliches Aerodynamik- und Komponentendesign, einen niedrigen Treibstoffverbrauch, ein geringes Gewicht, Effizienz über einen weiten Betriebsbereich von ausgedehnten Tiefflügen bis hin zu hohen Reisegeschwindigkeiten sowie eine integrierte Triebwerks- und Propellersteuerung aus.

Der Triebwerkshersteller MTU ist beim TP400-D6 für den Mitteldruckverdichter, die Mitteldruckturbine und -welle verantwortlich sowie an der Regelung beteiligt. Darüber hinaus erfolgt die Endmontage aller TP400-D6-Serientriebwerke bei der MTU in München. Der Serienabnahmetest findet bei der MTU Maintenance Berlin-Brandenburg im dafür weltweit einzigen Serienprüfstand für die A400M-Triebwerke statt.

Die Triebwerke sind mit einer von BAE Systems und Hispano-Suiza gelieferten FADEC-Steuerung (Full Authority Digital Engine Control) ausgestattet, die auch den Anstellwinkel des Propellers regelt. Die Software hierfür entwickelte MTU. Die Module und Komponenten des TP400-D6-Triebwerks werden von EPI-Herstellern und Direktlieferanten gefertigt und mit einer EASA-Zertifizierung an die MTU geliefert.

Die MTU führt dann die Serienmontage des Triebwerks in München und die anschließende Abnahmeprüfung in Berlin durch.

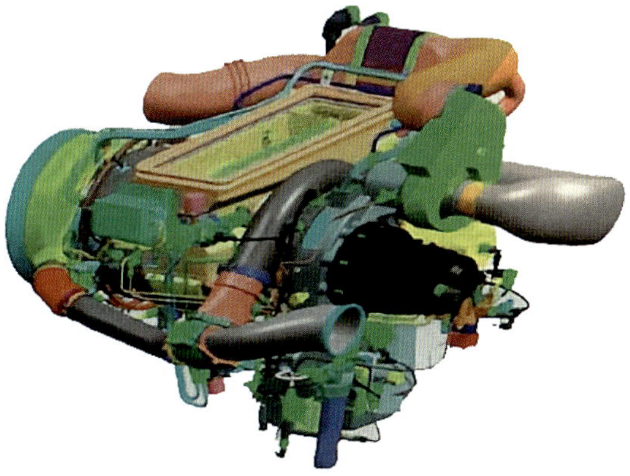

Als Auxiliary Power Unit (APU) kommt bei der A400M das Triebwerk APS 3240A des Herstellers Hamilton Sundstrand zum Einsatz. Es wurde entwickelt in Kooperation mit Pratt and Whitney.

Technische Daten Triebwerk TP400-D6	
Verwendung	Airbus A400M
Hersteller	EPI (MTU, ITP Aero, Rolls-Royce, Safran Aircraft Engines)
Ursprungsland	Europäisches Konsortium
Typ	3-Wellen-Turboprop
Startleistung	8251 kN
Nennleistung	7971 kN
Verdichtung	25:1
Länge	3,5 m
Masse	1860 kg (trocken)
Durchmesser Propeller	5334 mm
Propellernenndrehzahl	842 min-1
Propellerstartdrehzahl	860 min-1

APU

Die APU ist eine Hilfsenergieanlage, die die Besatzung unterstützt. Sie verfügt über eine autonome Leistung (45kVA) und eine autonome Klimatisierung. Sie liefert ausreichend Luftdruck für den Triebwerksstart. Da die APU mit internen Batterien gestartet werden kann, ist das Flugzeug für den Startvorgang unabhängig von externen Mitteln und der Stromversorgung. Darüber hinaus kann sie im Flug als Hilfsenergieanlage für die Druckbeaufschlagung und die elektrischen Systeme des Flugzeugs dienen, falls eines der Hauptsysteme ausfällt (und somit Redundanz bietet).

Bernd Vetter

Auslass der Auxiliary Power Unit (APU) im oberen rechten Rumpfbereich.

Selbstschutz

Die Selbstschutzausstattung wird von den Betreibern individuell zusammengestellt. So gibt es z.B. ein Inertgas-System. Dabei werden die Treibstofftanks zusätzlich mit einem inerten Gas befüllt, um Feuer und Explosion zu verhindern. Hierbei wird für die Flugzeugtanks trockener Stickstoff verwendet. Des Weiteren einen ballistischen Schutz für die Besatzung, inklusive schusssicherer Cockpitscheiben. Weiterhin Täuschkörper (unter anderem Flares) und elektronische Selbstschutzmaßnahmen, die in verschiedenen Stufen gegen feindliche Luftabwehr einsetzbar, aber nicht im Grundmodell des A400M enthalten sind.

Ein Teil der A400M der Bundeswehr (die sogenannten Taktiker) verfügen über ein hochmodernes Selbstschutzsystem, das als Defensive Aids Sub-System (DASS) bezeichnet wird. Es besteht aus verschiedenen aktiven und passiven Komponenten, um das Transportflugzeug im taktischen Einsatz vor Lenkflugkörpern (insbesondere wärmesuchenden Raketen) zu schützen. Als Hauptkomponenten des Systems fungiert hierbei das Lenkflugkörper-Warnsystem. Dabei erfassen Sensoren anfliegende Flugkörper. Zum System gehören weiterhin Ausstoßanlagen für sogenannte FLIR (Flares, Hitzefackeln) und Düppel (Chaff), die Infrarot- und Radarsensoren verwirren. Die Bordelektronik analysiert die Bedrohung und entscheidet automatisch über die Art und Anzahl der Gegenmaßnahmen.

Des Weiteren wird ein aktives Abwehrsystem DIRCM (Directed Infrared Counter Measures, gerichtete Infrarot-Gegenmaßnahmen) eingerüstet werden. Es lenkt die Suchköpfe von anfliegenden Raketen durch gezielte Maßnahmen ab. Die Luftwaffe hat seit Mitte 2026 eine mit DIRCM ausgerüstete Maschine im Bestand (54+35, MSN105) und rüstet bis ins Jahr 2032 insgesamt weitere 23 Maschinen mit dem System von Elbit Systems aus. Es hat mittlerweile seine Einsatzreife erreicht.

Die erste Maschine mit eingerüstetem DIRCM war die 54+35. Der DIRCM-Sensor ist unter dem »F« gut zu erkennen. Weitere 23 Maschinen erhalten diese Fähigkeit.

Frank Vetter

Chaff and Flare
Die A400M der Luftwaffe verfügen über ein hochmodernes Selbstschutzsystem, das als Defensive Aids Sub-System (DASS) bezeichnet wird. Es besteht aus verschiedenen aktiven und passiven Komponenten, um das Transportflugzeug im taktischen Einsatz vor Lenkflugkörpern (insbesondere wärmesuchenden Raketen) zu schützen.

Airbus Defence and Space

Laderaumnutzung

Airbus Defence and Space/JB. Accariez

Der Laderaum ist u.a. groß genug für einen NH90-Hubschrauber.

Airbus Defence and Space/S. Doumenjou

Entladung diverser Militärfahrzeuge.

Luftwaffe

Millimeterarbeit: Auch ein Puma Schützenpanzer kann transportiert werden.

Luftwaffe

Bis zu neun militärische Standard-Paletten (2,74 x 2,23 m) können mitgeführt werden.

Luftwaffe

Der Laderaum ist gleichzeitig für Truppen- und Materialtransport nutzbar.

Unten: Nutzung des Laderaums in der Med-Evac-Rolle. Bis zu sechs Patiententransporteinheiten (PTE) können installiert werden.

Luftwaffe

Luftwaffe

Einrüstung zusätzlicher Kabinensitze in der Mitte des Laderaums durch das Team »Role Change« des LTG 62. Für den Wechsel vom Fracht- zum Passagierflugzeug benötigen vier Personen weniger als drei Stunden, wenn der ganze Laderaum mit Sitzen ausgestattet werden soll.

Luftwaffe

Spezielle Sitz-Palletten des deutschen Herstellers Autoflug, der viele weitere Komponenten im Laderaum des A400M beisteuert, wurden Juni 2022 auf der ILA in Berlin vorgestellt und schon kurz darauf in Wunstorf erprobt. Insbesondere für Langstreckenflüge bieten sie einen deutlich höheren Komfort als die Standardsitze. Als Basis dient eine für den Lufttransport genormte HCU-Palette. Auf dieser sind die Boden- und Schienenelemente, sowie ein Metallgerüst angebracht, in dem sich die Notfall-Sauerstoffcontainer für die Passagiere befinden. Dieses Bodenelement ragt etwas über die eigentliche HCU-Palette hinaus. Somit ergibt sich beim Einbau lediglich eine Toleranz von fünf Zentimetern zu beiden Seiten. Da die Beladung des A400M mit den Paletten durch einen speziellen Gabelstapler erfolgt, muss das Zusammenspiel zwischen Fahrer und dem ebenfalls beteiligten Technischen Ladungsmeister gut abgestimmt sein. Zunächst werden die einzelnen Paletten auf die Führungsschiene der Laderampe gesetzt, von wo aus sie an ihre vorgesehene Stelle im Laderaum geschoben werden können.

LUFTWAFFE
54 09
44 34

Luftwaffe

Global Player

Der A400M bei der Luftwaffe

Das Lufttransport-geschwader 62

Geschichte des Verbandes

Für die Bundeswehr spielt der Lufttransport eine zentrale Rolle, ermöglicht er doch bei eventuellen Krisen eine schnelle Reaktion durch eigene Kräfte. Entsprechend baute die Luftwaffe ab Mitte der 50er-Jahre mehrere Transportfliegerverbände auf. Eines davon, das LTG 62, ging aus der Flugzeugführerschule »S« (FFS »S«) hervor, die bereits am 29. Mai 1956 in Memmingen aufgestellt worden war und deren Staffel B für die Noratlas-, Pembroke- und C-47D-Dakota-Ausbildung verantwortlich war. Unter anderem stand Blindflugtraining auf dem Ausbildungsplan. Dies erklärt das Wappen, das eine augenverbundene Krähe namens »Hans Huckebein« zeigt. Der Umzug großer Teile der FFS »S« nach Wunstorf erfolgte dann schon im Herbst 1958. Ab 1. Dezember 1959 bestand übrigens auch ein Lufttransportgeschwader 62. Dieser Verband war zunächst in Celle aufgestellt worden und operierte mit der Noratlas später von Ahlhorn aus. Das LTG 62, mit einem weißen Elefanten im Wappen, wurde zum 30. September 1971 allerdings schon wieder aufgelöst.

Ab Mai 1969 traf mit der C-160D Transall ein neues Einsatzmuster in Wunstorf ein, das über viele Jahrzehnte den Flugbetrieb am Standort prägen sollte. Die Transall bedeutete hinsichtlich Ladekapazität, Reichweite und Fluggeschwindigkeit einen Quantensprung zur betagten Noratlas. Darüber hinaus, ab September 1970, betrieb die FFS »S« bis zu 18 zweimotorige Dornier Do 28D-2 Skyservants, die sich hervorragend als Übergangsmuster zwischen der fliegerischen Grundschulung und der Ausbildung auf der Transall eigneten.

Die Mitte 1978 anstehende Umgliederung der Transportfliegerkräfte betraf auch die FFS »S«. Am 30. September 1978 wurde der Verband in Lufttransportgeschwader 62 umbenannt. Da es ja schon ein LTG 62 gegeben hatte, entbrannte eine Diskussion um das Wappentier. Schließlich setzte sich »Hans Huckebein«, die augenverbundene Krähe, gegenüber dem weißen Elefanten des ehemaligen LTG 62 durch.

Der Auftrag des Geschwaders beschränkte sich schon lange nicht mehr nur auf die Ausbildung, es wurden auch reguläre Transportaufträge ausgeführt. Die Transall erwies sich als sehr robust, gutmütig und langlebig. Sie war deswegen bei den Besatzungen und Angehörigen äußerst beliebt. Das Muster bewährte sich in zahlreichen Einsätzen und verlieh der Bundeswehr ein Gesicht (»Engel der Lüfte«) im Rahmen der vielen Auslandseinsätze. Eine ganze Reihe davon waren Hilfs- und Rettungsmissionen. In den Folgejahren waren die Crews mit ihren Maschinen intensiv national und international aktiv. Letzteres zum Beispiel im Rahmen von Hilfsaktionen im Sudan, in Tunesien, in der Sowjetunion und in Kurdistan. Die sicherlich größte Herausforderung für das LTG 62 stellte die ab dem 4. Juli 1992 stattfindende Luftbrücke nach Sarajevo in Bosnien dar. Bei einigen Flügen wurden die Maschinen von Radargeräten serbischer Luftabwehrraketen-Stellungen erfasst und gerieten auch mehrfach unter Feuer. Eine C-160 des LTG 62 erhielt z.B. einen Treffer an der linken Luftschraube. Dabei wurde der Lademeister schwer verwundet.

In den Neunzigern bestand das LTG aus fünf fliegenden Staffeln und war an vier Standorten präsent. Die erste und dritte Staffel war in Wunstorf beheimatet. Die dritte Staffel verantwortete dabei die Umschulung auf das Muster C-160D Transall. Die zweite Staffel operierte von Diepholz aus mit dem Transporthubschrauber Bell

Großer Moment: Vor dem Abflug nach Wunstorf trifft sich das Team in Sevilla vor der 54+01.

Airbus Defence and Space

Airbus Defence and Space

Abflug: Am 19. Dezember 2014 ging es in Richtung Wunstorf zum Einsatzverband.

UH-1D. Dieser Typ war auch in Holzdorf in den neuen Ländern als Teil der »Lufttransportgruppe Holzdorf« im Einsatz. Darüber hinaus gehörte die in Bremen stationierte 4. Fliegende Staffel zum Verband, die zusammen mit der Lufthansa Flight Training GmbH die Ausbildung angehender Transportflugzeugführer verantwortete. Zu diesem Zeitpunkt war das LTG 62 der größte fliegende Verband der Luftwaffe.

Mit Anfang des neuen Jahrtausends begann das neue, dringend benötigte europäische Transportflugzeug, der Airbus A400M, langsam seine Schatten vorauszuwerfen. Der final am 31. Mai 2003 vereinbarte Vertrag sah zunächst die Lieferung von 60 A400M für die Bundeswehr vor. Schon früh sah man als Standort Wunstorf für das neue Flugzeugmuster vor. Somit starteten Planungen, die Infrastruktur entsprechend umfangreich anzupassen.

Luftwaffe

Landung der 54+01 in Wunstorf.

Luftwaffe

Großer Bahnhof: Der Kommandant, Oberstleutnant Christian Schott, begrüßt hochrangige Besucher. Allen voran, vor dem neuen Waffensystem, die damalige Bundesverteidigungsministerin Ursula von der Leyen.

Im September 2009 erfolgte der erste Spatenstich im Zusammenhang mit der Erweiterung und Modernisierung des Fliegerhorstes. Dies umfasste u.a. den Bau neuer Wartungshallen und Gebäude, wie z.B. der neuen Einsatzsteuerung, die Erweiterung der Abstellflächen und der Feuerwache. Die Start- und Landebahn wurde insbesondere im östlichen Bereich von 1.877 m auf 2.499 m verlängert. Trotz dieser Investitionen stand der Fliegerhorst nochmal kurz auf der Kippe, denn fortlaufender Konsolidierungs- und Reduzierungsbedarf bei den deutschen Streitkräften hinterfragte alle Standorte. Doch im Oktober 2011 erhielt das Geschwader mit der Entscheidung für Wunstorf durch das Verteidigungsministerium Planungssicherheit. Zwischenzeitlich und in Vorbereitungen auf die Einführung des neuen Musters, reduzierte sich der Flugbetrieb der C-160D sukzessive und die Anzahl Maschinen nahm deutlich ab.

Am 6. September 2012 landete erstmals einer der fünf A400M-Prototypen in Wunstorf und gewährte somit einen ersten Blick der Geschwader-Angehörigen auf das neue Einsatzmuster. Im November desselben Jahres konnte die komplett überarbeitete und verlängerte Start- und Landebahn 26/08 in Betrieb genommen werden.

Ab April 2014 begann für das Geschwader die heiße Phase, galt es doch, zum einen die verdiente Transall auszumustern und zum anderen die Indienststellung des A400M vorzubereiten. So sollte die erste Maschine im November nach Wunstorf überführt werden. Aufgrund einiger kleinerer Verzögerungen im Abnahmeprozess dauerte es dann aber bis in den Dezember hinein. Eine Crew unter Leitung von Oberstleutnant Christian Schott von der Technisch Taktischen Versuchsgruppe (TTVG) des LTG 62 begab sich nach Sevilla, um den Überführungsflug am 18. Dezember durchzuführen. Zur Crew gehörten neben dem Kommandanten ein Copilot, drei Technische Ladungsmeister des LTG 62 und zwei Techniker der Flugbereitschaft BMVg, die sich sehr gut mit den Airbus-Verfahren auskannten. Zunächst galt es, den Eignerübergang des Flugzeugs von Airbus hin zum BAAINBw und dann zur Luftwaffe zu absolvieren. Dieser Prozess, genannt »Transfer of Titel«, besteht aus einigen Schritten. Voraussetzung ist eine erfolgreich absolvierte Kundenakzeptanz (»costumer acceptance«), die auch einen Überprüfungsflug einschließt. Da am 18. Dezember nicht alle offenen Punkte geschlossen werden konnte, musste die Überführung um einen Tag auf den 19. Dezember geschoben werden. Der Abflug fand schließlich am Morgen des 19. Dezember 2014 um 10 Uhr statt. Oberstleutnant Christian Schott und sein Team an Bord der 54+01 (MSN018) absolvierten einen reibungslosen Flug nach Wunstorf – den ersten von A nach B mit einem A400M und einer Luftwaffen-Crew. Ebenfalls am Überführungsflug nahm der Airbus Chef- und Testpilot Karl-Heinz Mai teil. Eine Prämiere war auch die Zusammenarbeit der Cockpitcrew mit den Technischen Ladungsmeistern im Flugzeug. In Wunstorf, wo im Gegensatz zu Sevilla schlechtes Wetter mit starkem Regen und Wind herrschte, wurde die Crew von Verteidigungsministerin Ursula von der Leyen, hochrangigen Vertretern der Bundeswehr und Luftwaffe, zahlrei-

Bald nach Auslieferung begannen erste Einsatzprüfflüge. Eindrucksvoll, was der Laderaum z.B. im Vergleich zur Transall fasst. Die Beladung ist einfach.

Luftwaffe

Am 21. April 2016 wurde die 54+01 feierlich auf den Namen »Wunstorf« getauft.

Luftwaffe

chen Medienvertretern und den Angehörigen des LTG 62 empfangen.

Parallel zum A400M, der allerdings zunächst noch überwiegend am Boden bleiben musste, verfügte der Verband noch über einige wenige Transall. Der erste Flug der 54+01, im Rahmen einer Einsatzprüfung, erfolgte erst am 4. Februar 2015 und führte die Maschine nach Ramstein. Es folgte eine längere Phase in der diverse Verfahren hinsichtlich des Betriebs der A400M erprobt und optimiert wurden. Durch den tragischen Absturz eines für die Türkei bestimmten A400M in Sevilla am 9. Mai musste diese allerdings für neun Wochen unterbrochen werden, da zunächst aus Sicherheitsgründen die Absturzursache geklärt werden musste. Es zeigte sich, dass ein Fehler der Triebwerkssoftware, die vor dem Flug aufgespielt worden war, den Unfall hervorgerufen hatte.

Am 2. Juli 2015 fand ein bedeutungsvoller wie wehmütiger Termin auf dem Fliegerhorst Wunstorf statt. An diesem Tag wurden im Rahmen eines Fly-Outs die letzten drei C-160D Transalls des Verbandes nach insgesamt eindrucksvollen 46 Einsatzjahren mit ca. 300.000 Flugstunden offiziell außer Dienst gestellt. Die 50+93 trug dabei eine spezielle »Fly-Out«-Markierung am Leitwerk. Anschließend verfügte das LTG 62 mit der 54+01 zunächst über nur ein einziges Einsatzflugzeug.

Anfang Juli 2015 startete die Ausbildungsinspektion die Musterberechtigungslehrgänge für A400M-Piloten und die Ausbildung zum Technischen Ladungsmeister. 20 Piloten und zehn Technische Ladungsmeister hatten ihre Befähigung zuvor von Airbus erhalten.

In der zweiten Jahreshälfte konnten neben weiteren Einsatzprüfflügen nun zunehmend auch reguläre Materialtransportflüge durchgeführt werden. Der Weg führte dabei auch zu weiter entfernt liegenden Zielen in Amerika und Afrika. So ging Anfang November ein Flug über Halifax in Kanada zur Holloman AFB in New Mexico. Kurz darauf flog man in Richtung Osten, und zwar bis nach Ulan Bator, der Hauptstadt der Mongolei.

Am 10. Dezember 2015 landete endlich die zweite A400M für das LTG 62 in Wunstorf. Es war die 54+03 (MSN030). An diesem Tag flog die 54+01 ein Vorkommando des AG 51 »Immelmann« nach Incirlik in der Südtürkei. Von dort aus operierten später die Aufklä-

Weitere Einsatzprüfung, wie hier mit Freifallern, standen auf dem Plan.

Luftwaffe/Markus Schulze

Luftwaffe/Burow

Im Juni 2017 nahm ein A400M des Verbandes erstmals beim European Air Transport Training (EATT) in Portugal teil. Hier zu sehen mit dem gesamten deutschen Team, inklusive einer Abordnung vom LTG 63 aus Hohn mit ihrer Transall.

rungstornados der Luftwaffe im Rahmen des Anti-ISIS-Einsatzes in Syrien. Kurz vor Weihnachten, am 21. Dezember, und somit fast genau ein Jahr später als die 54+01, landete der dritte A400M auf dem Flugplatz nahe dem Steinhuder Meer. Es war die 54+02 (MSN029).

Anfang des Jahres 2016 stand ein weiterer bedeutender Meilenstein an: Mit der französischen Luftwaffe wurde eine weitgehende Zusammenarbeit auf der Gebiet der technisch-logistischen Ausbildung vereinbart. So sollten alle französischen A400M-Techniker in Wunstorf beim Technischen Ausbildungszentrum ihre Ausbildung erhalten. Mit nun drei A400M und der erfolgreich absolvierten Einsatzprüfung konnte das LTG 62 langsam mehr und mehr Routine-Transportflüge übernehmen. So standen u.a. wöchentliche Flüge nach Incirlik, nach Bamako (Mali) und in das Baltikum auf dem Plan. Auch das Europäische Lufttransportkommando (EATC) griff nun zunehmend auf die Kapazität aus Wunstorf zurück.

Am 21. April 2016 bekam die 54+01 offiziell den Taufnamen »Wunstorf« verliehen. Dieser findet sich zusammen mit dem Wappen der Stadt auf der linken Flugzeugseite neben der Einstiegstür wieder.

In der zweiten Jahreshälfte ging der Verband ein weiteres wichtiges Kapitel an, die Qualifizierung des A400M für taktische Einsätze. Dazu gehört z.B. Tiefflug, Landung auf Behelfsplätzen und das Absetzen von Fallschirmspringern. Natürlich wurden zunächst alle nötigen Verfahren, soweit möglich, im Simulator geübt.

Ein erster Einsatzflug in ein latentes Bedrohungsgebiet fand Ende September 2016 statt. Hierbei transportierte ein A400M ein 16t schweres Container-Verladesystem nach Gao in den Nordosten Malis. Die Fracht musste dabei auf der Start- und Landebahn entladen werden, da die Rollwege für das Flugzeug zu klein sind. Ein weiterer Meilenstein für das Jahr 2016 war die Zertifizierung des ersten A400M-Flugsimulators der höchsten Stufe D. Damit ist es möglich eine Fluglizenz zu

Luftwaffe

Der A400M unternahm schon bald regelmäßige Routineeinsätze zur Versorgung der Truppe im Ausland, wie hier im Ladeanflug auf Bamako in Mali.

erhalten ohne reale Flugstunden absolvieren zu müssen. Derweil ging der Zulauf fabrikneuer Maschinen sukzessive weiter. Insgesamt vier Maschinen stießen im Verlauf des Jahres zur Flotte, die 54+04 (MSN035) am 13. Juli, die 54+05 (MSN040) am 9. September, die 54+06 (MSN041) am 21. und die 54+07 (MSN043) am 15. Dezember. Mit der 54+07 konnte ein weiterer wichtiger Meilenstein erreicht werden, denn das Flugzeug war das erste, das über eine Zertifizierung für taktische Einsätze verfügte. Rein äußerlich ist eine »taktische« Maschine z.B. am DASS (Defensive Aid Sub System) zu erkennen. Mit Hilfe dieses Systems können durch Ausstoß von Täuschkörpern wärmesuchende und radargelenkte Flugköper abgewehrt werden. Darüber hinaus war nun das Absetzen militärischer Lasten und humanitärer Hilfsgüter bis zu einem Gewicht von jeweils acht Tonnen über die Flugzeugrampe zugelassen. Weiterhin können Fallschirmspringer in Gruppen von 20 Personen über die Rampe oder über die Seitentüren abgesetzt werden. Die Maschine ist nun auch für den Einsatz auf Graspisten zugelassen und das Flugzeug kann per manueller Steuerung im Tiefflug in einer Höhe von 150 Fuß bei Tag und 300 Fuß bei Nacht operiert werden. Schließlich war nun auch die Zertifizierung im Flug betankt zu werden und als taktisches Tankflugzeug selbst Flugzeuge bei Tag zu betanken eingeschlossen. Mit diesen Fähigkeiten ausgestattet konnte der Verband im Jahr 2017 nun noch intensiver die Nutzung des taktischen Einsatzes trainieren. Hierzu gehörte auch das Fliegen mit Nachtsichtgeräten (NVG, Night Vision Goggles). Durch die zwei neuen Wartungshallen, die im Verlauf des Jahres 2017 fertiggestellt wurden, konnte die Technische Gruppe von dann an auf sieben modern ausgerüstete Stellplätze zurückgreifen. Ein Stellplatz erhielt mit dem »fliegenden Teppich« eine spezielle Bühne, die fast jeden Platz des Flugzeuges erreichen kann. Durch die Größe des A400M ein sehr wertvolles Hilfsmittel.

Nachdem der Wirbelsturm Irma in der Karibik Anfang September große Schäden angerichtet hatte, beteiligte sich auch die deutsche Luftwaffe an der internationalen Hilfsorganisation. Bis zu drei A400M waren im

Einsatz, um Hilfsmaterial auf die Insel St. Martin zu fliegen und fast 500 Menschen zu evakuieren. In den Bereich der Technischen Gruppe fiel der Abschluss des ersten C-Checks im Juni des Jahres 2017. Dieses Wartungsereignis bedeutete viel Neuland und somit Erfahrungsgewinn für die Techniker des Verbandes, die allerdings auf intensive Unterstützung des Flugzeugherstellers bauen konnten. Auch ein erstes Flugzeug-Waschen fand in diesem Zeitraum statt.

Ein sehr wichtiger Bestandteil eines Transportverbandes ist der Luftumschlagzug, verantwortlich für die Koordination, Zusammenstellung und Beladung der Fracht und der Passagiere. Durch das enorm gestiegene Volumen, musste auch diesbezüglich die Infrastruktur angepasst werden. Ende September konnte ein neues Funktionsgebäude ganz in der Nähe der Vorfeld-Abstellplätze aber mit eigenem Zugang von außerhalb des Flugplatzbereichs in Betrieb genommen werden. Dieses umfasst auch ein kleines Terminal für die Passagierabfertigung. Im Verlauf des Jahres 2017 erhielt das LTG 62 Verstärkung durch die stattliche Anzahl von acht neuen A400M, und zwar 54+08 (MSN046) im Januar, 54+10 (MSN049) im Mai, 54+09 (MSN048) im Juni, 54+12 (MSN057) im August, 54+11 (MSN054) und 54+13 (MSN059) im September, 54+14 (MSN061) im November und schließlich 54+15 (MSN063) im Dezember.

Die vielen Veränderungen am Standort Wunstorf zusammen mit seinem neuen Einsatzflugzeug veranlasste die Luftwaffe für das Jahr 2018 einen »Tag der offenen Tür« einzuplanen. Dieser fand am 8. Juni statt und ermöglichte dem Verband sich der Bevölkerung vorzustellen und die mit dem A400M einhergehenden Neuanpassungen zu präsentieren.

Parallel lief die Fähigkeitsanpassung des Waffensystems weiter: Mit einem speziellen Rüstsatz kann der A400M auch mit einem ballistischen Schutz versehen und mit Nachtsichtbrillen geflogen werden. Dadurch sind nun auch Einsätze unter latenter Bedrohung möglich. Durch diese Verbesserung konnte der A400M nun auch routinemäßig für Flüge nach Afghanistan eingesetzt werden. Ein weiterer bedeutender Bestandteil des

Seit September 2019 besitzt der A400M die volle Einsatzreife als Betankungsflugzeug: Er kann nun uneingeschränkt für die Luftbetankung der Luftwaffen-Kampfflugzeuge genutzt werden.

Luftwaffe

Luftwaffe

Seit April 2020 deckt das Waffensystem A400M den Luftbetankungsauftrag im Rahmen des Einsatzes »Counter Daesh« in Al Azraq, Jordanien ab. Hier zu sehen mit seinem Vorgänger in dieser Rolle, dem A310 MRTT. Bis Mai 2021 konnten schon 500 Betankungsflüge durchgeführt werden.

Fähigkeitsspektrums, die Luft-Luft-Betankung von Starrflüglern, erreichte in 2018 einen wichtigen Meilenstein, denn die Einsatzprüfung konnte in deutsch-spanischer Kooperation erfolgreich abgeschlossen werden. Der A400M lässt sich auch als fliegende Intensivstation (ICAE, Intensive Care Aeromedical Evacuation) nutzen. Seit dem 1. August 2018 steht rund um die Uhr eine Maschine in 12-Stunden Bereitschaft, um bei Bedarf in den Einsatz zu gehen. Bis zu sechs sogenannte PTEs (Patienten-Transport-Einheit) können eingebaut werden. Ende des Jahres, vom 25. Oktober bis zum 23. November, fand in Norwegen die Übung »Trident Junction« mit 40.000 Soldaten statt. Hierbei konnte der A400M des LTG 62 seine Fähigkeiten unter Beweis stellen. U.a. wurde bei laufenden Triebwerken be- und entladen und Tiefflüge bis zu einer Höhe von 100 Meter über Grund durchgeführt.

Der Flugzeug-Zulauf ging nun rasant weiter, neun zusätzlichen Maschinen erhöhten den Buchbestand des Geschwaders bis Ende 2018 auf insgesamt 24 Maschinen. Dies darf allerdings nicht darüber hinwegtäuschen, dass aufgrund diverser Nachrüstungen und zum Teil langen Wartungs- und Instandhaltungsmaßnahmen immer nur ein Teil der Flugzeuge tatsächlich einsatzbereit war. Ab Anfang März 2019 stellte der Verband routinemäßige Luftbetankungsflüge für Kampfflugzeuge, auch im Rahmen von Auslandseinsätzen, zur Verfügung. Die Luftwaffe war hierbei der erste Nutzer des A400M, der die AAR-Rolle (Air-Air-Refuelling) so regelmäßig und intensiv nutzte. Auf dem Gebiet der Fähigkeitsentwicklung galt es aber weitere Elemente zu erproben bzw. die Anwendung zu ermöglichen. Dazu gehörte das Landen auf Schotterpisten, auch mit Nachtsichtgeräten aber vor allem auch das Absetzen von Lasten im Flug. Im Juni 2019 erfolgte zu letzterem ein erster sehr erfolgreicher Versuch. Hierbei wurden mehrere Paletten aus einer Höhe von 300 Metern und einer Geschwindigkeit von 240 km/h punktgenau abgesetzt.

Parallel zur Übernahme von zusätzlichem Fluggerät passte der Verband seine Struktur an, um auch z.B.

dem erweiterten Spektrum der A400M Rechnung tragen zu können. So stellte man zum 8. Januar 2019 die 3. Fliegende Staffel als letztes noch fehlendes Element des LTG 62 in Dienst. Die neue Einheit soll sich nach entsprechender Vorbereitung und Aufwuchs auf die Unterstützung von Spezialkräften und die Durchführung von Evakuierungsmissionen konzentrieren.

Der 30. September 2019 stellte ein wichtiges Datum für die Technische Gruppe des LTG 62 dar, denn seit diesem Tag dürfen entsprechend dafür ausgebildete Techniker des Verbandes in Eigenregie die Lufttüchtigkeit des Luftfahrzeuges ausstellen und müssen dies nicht, wie zuvor geregelt, durch das Luftfahrtamt der Bundeswehr durchführen lassen. Im Laufe des Jahres 2019 stießen weitere sieben A400M zur Wunstorfer Transporter-Flotte hinzu.

Anfang des Jahres 2020 flogen Besatzungen des Geschwaders aufgrund einer Bedrohungslage im Irak Kontingentangehörige aus dem Land. Hierbei musste Nachtsicht-, Tiefflug-, und Selbstschutzfähigkeit des A400M genutzt werden. Kurz darauf nahm eine Abordnung des Geschwaders an der internationalen Großübung »Cold Respose« in Norwegen teil.

Der Ausbruch der Corona-Pandemie beeinflusste ab Anfang 2020 fast die gesamte Welt ganz maßgeblich

Landung eines A400M auf dem Gao International Airport.

Luftwaffe

Landung eines A400M Anfang 2020 in Wunstorf nach einem Einsatz Im Irak. Das deutsche Kontingent musste aufgrund einer akuten Bedrohungslage aus dem Irak zurückgeholt werden.

Luftwaffe

und damit natürlich auch den Wunstorfer Verband. Allerdings galt es weiter Einsatzaufträge durchzuführen, wenn auch unter angepassten Rahmenbedingungen. Der ab Ende März bestehende »Lock-Down« bedeutete diesbezüglich eine ganz besondere Herausforderung, zumal parallel die Anforderung für Hilfs- und medizinische Evakuierungsflüge deutlich anstieg. Insbesondere in Italien und Frankreich war der A400M des LTG 62 unterstützend im Einsatz. Frankreich bedankte sich später dafür mit einer außergewöhnlichen Einladung: Eine deutsche Maschine durfte als einziges nichtfranzösisches Luftfahrzeug an der Parade zum Nationalfeiertag am 14. Juli 2020 teilnehmen. Diese bestand aus immerhin insgesamt 52 Flugzeugen und 18 Hubschraubern. Die 54+07 war einen Tag zuvor von Wunstorf nach Orleans geflogen und startete von dort aus gemeinsam mit den französischen Teilnehmern. Exakt um 11:10 und 30 Sekunden, innerhalb der drei Sekunden gestatteten Toleranz, überflog der A400M wie geplant den Triumphbogen in Paris.

Auch wenn im Jahr 2020, nicht zuletzt durch Corona geschuldet, nur vier Maschinen übernommen wurden und zwar 54+32 (MSN 096), 54+33 (MSN 103), 54+35 (MSN 105) und 54+36 (MSN 107), hatte die Flotte doch nun eine stattliche Anzahl erreicht. Allerdings verblieb die 54+35 in Sevilla. Sie ist mit dem aktiven Abwehrsystem DIRCM (directed infrared couter measures) ausgerüstet und wurde von Airbus und der Bundeswehr zunächst für die Tests und nötigen Zulassungen verwendet.

Das Jahr 2021 brachte durch Corona weiterhin massive Einschränkungen, die insgesamt für den geplanten Aufwuchs zum vollausgestatteten Einsatzverband Verspätungen bedeutete. Ein sehr wichtiger Meilenstein konnte trotzdem im März 2021 erreicht werden, dann zu diesem Zeitpunkt erfolgte die Inbetriebnahme des zwei-

Luftwaffe/Schmidt

Anfang 2020 nahm eine Abordnung des LTG 62 mit dem A400M an der Übung »Cold Response« in Norwegen teil.

ten Full-Flight-Simulators, was eine massive Ausweitung der Schulungskapazitäten bedeutete. Der Flugbetrieb war parallel weiterhin geprägt durch Hilfsflüge aufgrund der Pandamie u.a. auch nach Portugal. Am 15. Juli führte ein A400M sogar einen Hilfsgüter-Flug nach Windhoek, Namibia durch.

Im Sommer des Jahres stand dann allerdings eine wahre Bewährungsprobe für den Wunstorfer Verband an. Da die Bundeswehr im Juni ihren Auslandseinsatz »Operation Resolute Support« in Afghanistan beendete, mussten in sehr kurzer Zeit Rückführungen und Evakuierungen durchgeführt werden. Zunächst wurden 460 Einsatzkräfte der verschiedenen Teilstreitkräfte unversehrt ausgeflogen. Später, in nur zehn Tagen vom 16. bis 26. August folgten dann insgesamt 5347 Männer, Frauen und Kinder in die Sicherheit (rund 200 Evakuierte pro Flug). Dies geschah unter teilweise chaotischen Zuständen am Boden wie in der Luft und bei akuter Bedrohungslage. Dieser sehr erfolgreiche Einsatz zeigte der deutschen Öffentlichkeit eindrucksvoll, dass auf den A400M, in einer früheren Phase als Pannenflieger tituliert, Verlass ist und dass er einen sehr großen Einsatzwert besitzt. Nicht zuletzt durch diese Ereignisse erwarb sich der A400M ein längst verdientes positives Image.

Einsatz in ungewöhnlicher Umgebung!

Luftwaffe/Schmidt

Auszeichnung: Am 14. Juli 2020 nahm ein A400M des LTG 62 als einziges nichtfranzösisches Luftfahrzeug an der Parade zum Nationalfeiertag teil.

Luftwaffe/Melanie Dittmann

Auch im Jahr 2022, im zweiten Corona-Winter, bestimmte die Pandemie weiterhin das tagtägliche Leben. Nun ging es allerdings insbesondere darum den zur Verfügung stehenden Impfstoff schnell und effizient zur Anwendung zu bringen. Hierbei unterstütze das Team Luftwaffe und ein A400M ganz direkt im Rahmen einer Kampagne, bei der in Kassel eine Maschine als mobile Impfstation verwendet wurde. Dabei wurden insgesamt 840 Impfungen durchgeführt.

Mitte des Jahres, am 22. und 23. Juni 2022, begann die Einsatzprüfung »Folgebefähigung 5«. Hierbei wurden schwere Einzellasten wie Fahrzeuge oder Boote bis 16 Tonnen abgesetzt. Die Flüge fanden unter Leitung der Gruppe Truppenversuch (TTVG) des LTG 62 statt.

Der August 2022 brachte für Teile der Luftwaffe eine ganz besondere Herausforderung mit sich. Im Rahmen der Übung »Rapid Pacific 2022« sollte ein Kontingent rund um sechs Eurofighter des TaktLwG 74 aus Neuburg/Donau in den indopazifischen Raum verlegen und unter anderem an der großen Hochwertübung »Pitch Black 2022« in Australiens Norden teilnehmen. Ziel war es eine umfangreiche Verlegung über eine große Distanz

Luftwaffe

Im Verlauf des Jahres 2021 konnte die Zertifizierung für Einsätze auf unbefestigten Landebahnen abgeschlossen werden.

Luftwaffe/Simon Otte

Ende März 2021 demonstrierte der A400M, dass er auch als Boden-Tankstelle für andere Systeme der Bundeswehr genutzt werden kann.

Luftwaffe

Im August 2021 erfolgte unter schwierigsten Bedingungen die Evakuierung aus Kabul, Afghanistan.

Luftwaffe

Das LTG 62 war maßgeblich in die Übung »Rapid Pacific 2022« eingebunden. Hier zu sehen ein A400M im australischen Darwin. Daneben eine C-130 Herkules der französischen Luftwaffe.

und über einen längeren Zeitraum erfolgreich zu demonstrieren. Monatelange, intensive Vorbereitungen gingen der Unternehmung voraus. Mehrere A400M des LTG 62 unterstützten die Übung maßgeblich.

Am 15. August startet das Kontingent von Neuburg aus. Die Flugroute der eingesetzten 54+21, die Ausrüstungsgegenstände, Ersatzteilen und Werkzeuge für die Übung mit an Bord führte, flog zunächst nach Al Azraq/Jordanien und anschließend weiter nach Abu Dhabi in den Vereinigten Arabischen Emiraten. Nun folgte ein Tag der Erholung, bevor die Route dann über den Golf von Oman und Bangalore in Indien sowie über den Golf von Bengalen schließlich nach Singapur weiterführte. Im Anschluss ging es weiter zum ersten Zielort des Vorhabens und zwar zur RAAF-Basis Darwin in Nord-Australien, dem Übungsort von »Pitch Black 2022«. Mit an Bord dieses Nachtfluges war der damalige Inspekteur der Luftwaffe, General Ingo Gerhartz. Dort angekommen wurde das mitgeführte Material für die Eurofighter entladen. Am darauffolgenden Tag ging es in einem fünfstündigen Flug nach Sydney weiter. Dort meldete sich allerdings der elektrische Notstromgenerator RAT (Ram Air Turbine) defekt, der im Bedarfsfall elektrische Energie liefern kann. Ohne ihn ist ein Weiterflug nicht erlaubt. Es gelang aber binnen 48 Stunden das defekte Teil an das andere Ende der Welt zu liefern und in Eigenregie einzubauen. Als nächster Stopp war nun Tahiti geplant. Die Strecke über den Pazifik betrug 6100 Kilometer, auch dieser Flug fand nachts statt. Anschließend führte der Weg zu einem weiteren exotischen Stopp, und zwar zu den Osterinseln, ein außergewöhnliches Ziel ohne jegliche Ausweichmöglichkeit. Die eigentliche fliegerische Herausforderung fand allerdings kurz darauf statt, als die Crew der 54+21, am achten Flugtag, Cochabamba in Bolivien ansteuerte. Die Stadt liegt auf einer Höhe

New Zealand Defence Force

Eindrucksvoller Formationsflug dreier A400M der französischen, der spanischen und der deutschen Luftwaffe im Rahmen einer Stippvisite nach Neuseeland.

Luftwaffe

Als Teil der Übung »Rapid Pacific 2022« wurde eine erste Weltumrundung durchgeführt. Dabei legte man ca. 46.000 km zurück. Hier im Anflug auf Tahiti.

Luftwaffe

Team-Gruppenfoto nach der Landung in Tahiti.

Luftwaffe

Anflug auf Cochabamba in Bolivien.

Luftwaffe/Hildemann

Im Spätsommer 2023 war das LTG 62 in Libyen für eine Hilfsmission im Einsatz.

Im Jahr 2023 richtete die Luftwaffe mit »Air Defender 2023« eine große, multinationale Übung aus. Unter anderem waren Teilnehmer in Wunstorf stationiert. Ein A400M erhielt für das Event eine attraktive Sonderfolierung.

Luftwaffe/Hildemann

von 2500 Metern und es herrschen vergleichsweise hohe Temperaturen. Unter diesen Bedingungen zeigte der A400M ein bisher ungewohntes, aber dennoch sicheres Flugverhalten. Diese enorm wichtigen Erfahrungen flossen übrigens anschließend in die Ausbildung mit ein. Nun führte der Weg weiter nach Norden, und zwar nach Willemstad, Curacao in der Karibik. Der letzte Stopp vor der Rückkehr war Santa Maria, eine Insel der Azoren. Am 29. August landetet die 54+21 um 15:30 Uhr wieder in Wunstorf. Das Ziel der Mission, die erste Weltumrundung mit einem A400M der Luftwaffe, wurde erfolgreich abgeschlossen. Insgesamt legte die Besatzung dabei beeindruckende 46.200 Kilometer innerhalb von 64 Flugstunden zurück. Diverse »erste Male« waren Teil des Einsatzes, sei es noch niemals zuvor angeflogene Destinationen oder auch technische Herausforderungen, die gemeinsam gemeistert werden mussten.

Das Jahr 2023 brachte für den Verband neben den zahlreichen Routineeinsätzen weitere außergewöhnliche Missionen. So transportierten die Besatzungen vom 9. bis zum 21. Februar bei 23 Flügen insgesamt 394 Tonnen Hilfsgüter wie Zelte, Decken, Schlafsäcke, Generatoren, Beatmungsgeräte usw. in die Türkei, da dort ein verheerendes Erdbeben stattgefunden hatte. Die Transporte erfolgten in Zusammenarbeit mit dem THW unter hohem Zeitdruck. Im April entschied die Bundeswehr kurzfristig aufgrund von Unruhen im Sudan eine Evakuierungsmission durchzuführen. Hier war einmal mehr das LTG die erste Adresse hinsichtlich der Umsetzung. Die Einsätze verliefen erfolgreich.

Das Highlight des Jahres 2023 war aber sicher die von der Luftwaffe ausgerichtete, internationale Hochwertübung »Air Defender 23«, die vom 12. bis 23. Juni stattfand. Insgesamt nahmen über 250 Luftfahrzeuge von 25 Nationen teil, die auf verschiedenen Standorten im Bundesgebiet untergebracht waren. Der Standort Wunstorf fungierte als logistische Drehscheibe und Standort amerikanischer und rumänischer Gäste. Aus dem neu eingerichteten Feldtanklager wurden über fünfeinhalb Mio. Liter Kerosin abgegeben, über 100 Missionen erfolgten durch die Übungsteilnehmer von Wunstorf aus. Über 3000 Passagiere und 1598 Tonnen Fracht wurden dabei bewegt. Ein A400M des Verban-

Hoher Besuch: Im Rahmen eines Medientages von »Air Defender 2023« besuchten mehrere hochrangige Vertreter den Verband, darunter Eva Högl, die damalige Wehrbeauftragte des deutschen Bundestages, der damalige Ministerpräsident von Niedersachsen, Stephan Weil, der damalige Inspekteur der Luftwaffe, General Ingo Gerhartz sowie der damalige Inspekteur der Streitkräftebasis, General Martin Schelleis. Im Hintergrund der damalige Kommodore des LTG 62, Oberst Christian John.

Luftwaffe/Hildemann

Luftwaffe

Luftwaffe

Im April 2023 wurden mit dem A400M sehr kurzfristig Soldaten aus dem Sudan nach Hause geholt.

Mitte 2024 war der Verband u.a. in Alaska im Einsatz.

Luftwaffe/Hildemann

Ab März 2024 half das LTG 62 mit, die Bevölkerung im Gaza-Streifen aus der Luft zu versorgen. Der Einsatz dauerte acht Wochen.

Luftwaffe/Simon Wiesmann

Rückkehr des Einsatzkommandos Gaza am 3. Juni 2024.

des (54+21) erhielt eine spezielle, sehr attraktive Sonderfolierung.

Im Spätsommer stand dann wieder eine Hilfsmission an, die die Angehörigen nach Libyen führte. Dort war es zu einer Flutkatastrophe gekommen. Gegen Ende des Jahres 2023 standen weitere Hilfsflüge nach Israel und nach Gaza auf dem Programm.

Auch im 10. Jahr des A400M-Flugbetriebs bei der Luftwaffe, 2024, erfolgten weitere Schritte zur Fähigkeitserweiterung des Waffensystems. So fand im Zeitraum vom 12. bis 16. Februar 2024 über der Nordsee ein erster Trainingskurs statt, der zum Ziel hatte im Rahmen der Luftbetankung den A400M auch als Empfängerflugzeug zu fliegen. Am 14. November 2023 war die erste Maschine (54+44) ausgeliefert worden, die über eine sogenannte Centerline HDU (Hose and Drum Unit) im Heck verfügte. Hiermit lässt sich zentral ein 25 Meter langer Betankungsschlauch ausfahren, der dann größere Fluggeräte, z.B. andere Transporter oder Helikopter, versorgen kann. Um die dann benötigen größeren Mengen Kerosin zur Verfügung zu haben, können darüber hinaus im Laderaum zwei je 7200 Liter fassende Tanks mitgeführt werden. Am 30. April 2024 führten zwei Wunstorfer A400M eine erste Luftbetankung zwischen sich durch.

Kurz zuvor, im März 2024, erprobte man mit dem A400M das Absetzen von Fallschirmspringern aus großen Höhen (25.000 Fuß). Da es keine Probleme gab, konnte die Zulassung dieses Verfahrens erfolgen und alle Freifaller der Bundeswehr, in diesem Verfahren ausgebildet werden.

Ebenfalls ab März bewährte sich das Absetzen von Lasten (Air-Drop) erstmals, und zwar im Rahmen des acht Wochen langen andauernden Einsatzes, um die Bevölkerung im Gaza-Streifen zu unterstützen. Hierbei wurden vom A400M bei 21 Flügen insgesamt 436 Paletten mit einem Gesamtgewicht von über 220 Tonnen abgesetzt.

Mitte des Jahre 2024 erreichte das LTG 62 seine 100.000. digitale Ausbildungsstunde auf seinen insgesamt neun Simulatoren. Den Löwenanteil daran hatten sicher die zwei Full-Flight-Simulatoren (FFS) der Firma Thales, die dafür zugelassen sind die Fluglizenz auf dem A400M ohne Realflugstunden aufrecht zu erhalten. Das heißt, dass durch den Einsatz auf dem Simulator wertvolle Flugzeit mit dem Muster reduziert werden kann. Dabei besteht eine sehr hohe Verfügbarkeit und es fallen nur ca. 10% der Kosten an. Die Pilotenausbildung nutzt weitere Simulatoren doch auch im Cargo-Training und bei der Techniker-Ausbildung sind diese modernen Geräte mittlerweile unverzichtbare Übungsmittel.

Im August 2025 führte das LTG 62 Strandlandungen in Romo, Dänemark durch. Bestimmte sensible Teile der Maschine wurde zuvor mit einem sog. Unpaved Runway (URW) Kit geschützt. Hierdurch sollen Beschädigungen zum Beispiel von Sensoren verhindert werden. Ein Landestreifen von 1.000 m reicht aus, um zu landen, zu drehen und wieder zu starten.

Luftwaffe

Zwischen Juni und August unterstütze der Verband bei fünf Übungen im Rahmen von Pacific Skies 2024. Hierbei stand die weltweite schnelle und flexible Verlegung von Personal, Material und Gerät im Fokus, eine Disziplin, die das LTG 62 mit ihrem modernen Arbeitstier nun auf einem sehr hohen Niveau durchführen kann. Der Auftakt fand von Mitte Juni bis Mitte Juli in Alaska statt. Anschließend schloss sich vom 22. bis 25. Juli die Übung

Am 3. Dezember 2024 feierte das LTG 62 offiziell »10 Jahre A400M« im Rahmen eines Medientages. Zu diesem Jubiläum wurde ein spezielles Patch kreiert.

Luftwaffe

Luftwaffe/Wolff

Die vorletzte A400M wurde am 5. Februar 2026 nach Wunstorf überführt.

Luftwaffe/Schlegel

Geschafft, nach ca. elfeinhalb Jahren erreichte der letzte der insgesamt 53 A400M Wunstorf. Dieses denkwürdige Ereignis wurde im Rahmen einer kleinen Feier begangen.

»Nippon Skies« in Japan statt. Zeitglich dazu fand »Pitch Black 2024« in Australien und auch die Übung »RIMPAC« (Rim of the Pacific) auf Hawaii statt. Überall unterstütze das LTG 62 maßgeblich. Am 23. Juli kam es im Rahmen von Pitch Black zu einer Premiere, als ein A400M mit Generalleutnant Günter Katz Neuseeland besuchte. Die Delegation wurde dabei von je einem A400M der französischen und der spanischen Luftwaffe begleitet. Bei Pitch Black konnte ein wichtiger Aspekt geübt werden, der sich ergibt, wenn mehrerer A400M-Betreiber an einer Übung teilnehmen. Nämlich das gemeinsame Warten der Einsatzflugzeuge in multinationaler Zusammenarbeit, um somit personelle Ressourcen effektiver Nutzen zu können.

Die letzte Station der großen Weltreise und auf dem Weg zurück war dann die Sulur Air Base im Süden Indiens. Vom 6. bis 13. August wurde dort im Rahmen der Übung »Tarang Shakti« mit britischen, spanischen, französischen und indischen Partnern geübt. Insgesamt rund 40 Flugzeuge waren beteiligt. Im Zusammenhang mit dieser Mammut-Unternehmung absolvierten die bis zu acht teilnehmenden A400M insgesamt rund 648.000 Flugkilometer und 1400 Flugstunden.

Eine außergewöhnliche Trainingsmöglichkeit ergab sich für Angehörigen der zweiten Fliegenden Staffel Ende August 2024. Bei Air Defender 23 war mit dem 182nd Air Wing aus Peoria, Illinois ein Trainingsfliegen in den USA vereinbart worden. Das Unternehmen »Proptoberfest 2024« führte die Wunstorfer mit einer A400M (54+09) nicht nur nach Illinois, sondern auch nach Arizona, Colorado Springs und San Diego. Im Fokus des Trainings stand der taktische Tiefflug gemeinsam mit den US-Amerikanischen Partnern und deren C-130 Herkules. Hierbei konnte unterschiedlichste Terrains genutzt werden und auch realistische Bedrohungen, wie das Simulieren von Boden-Luft Flugkörpern und ansetzen von Abfangjägern eingespielt werden. Die Highlights des Kurses waren aber sicher die Tiefflüge in den Bergen Colorados und am Grand Canyon sowie das Absetzen von Navy Seals über San Diego.

Vom 22. bis 24. Oktober fand unter Führung der TTVG die Einsatzprüfung des Verfahrens »Mixed Airdrop« statt. Hierbei ging es darum die Absetzkombination von Automaten-Fallschirmspringern und Lasten zu validieren, die Durchführung erfolgte auf dem Testgelände Scheuen in Niedersachsen. Nach Zulassung des Verfahrens kann ein A400M während eines Fluges bis zu 108 Fallschirmspringer und vier Tonnen Last absetzen.

Luftwaffe/Leon Belz

Symbolische Schlüsselübergabe: General Günter Katz, Kommandierender General des Luftwaffentruppenkommandos, übergibt den letzten A400M, den er zuvor in Sevilla abgeholt hatte, an den Kommodore des LTG 62, Oberst Markus Knoll.

Am 3. Dezember 2024 feierte das Lufttransportgeschwader 62 offiziell »10 Jahre A400M« im Rahmen eines Medientages. Die erste ausgelieferte Maschine (54+01), die am 19. Dezember 2014 nach Wunstorf überführt worden war, trug dabei eine Sonderfolierung am Bug und am Leitwerk. Dieses Flugzeug war über zehn Monate der einzige A400M des Verbandes gewesen, bis sich die zweite Maschine hinzugesellt hatte. In den zehn Jahren absolvierte das LTG 62 mit dem A400M über 50.500 Flugstunden und transportierte 19.000 Tonnen Fracht. Weiterhin führte man rund 5700 Betankungsvorgänge durch, absolvierte über 100.000 Simulatorstunden und bildete etwa 160 Piloten und 65 Technische Ladungsmeister aus. Bis zum Ende des Jahres 2024 wuchs die A400M-Flotte auf 46 Luftfahrzeuge an.

Am 21. Januar 2025 transportierte das LTG 62 mit eines A400M 2,5 Tonnen für die Bevölkerung des Gaza-Streifen bestimmte Hilfsgüter im Auftrag der Johanniter-Unfallhilfe (JUH) nach Al-Azraq in Jordanien. Hierbei konnte ein Flug genutzt werden, der ohnehin nach Al-Azraq geplant worden war. Von dort aus findet seit Mitte 2019 der Unterstützungseinsatz »Counter Daesh« statt. In diesem Rahmen steht ein A400M zur Verfügung, um Kampfflugzeuge im Flug zu betanken. Sechs Flüge finden im Durchschnitt pro Woche statt, 20 Tonnen Kraftstoff werden ca. pro Einsatz abgegeben. Schon weit über 10.000 Flugstunden wurden absolviert.

Am 27. Mai übergab der scheidende Inspekteur der Luftwaffe, Generalleutnant Ingo Gerhartz, sein Amt an Generalleutnant Holger Neumann. Dieser feierliche Akt inklusive militärischem Appell, Static Display und Überflügen fand unter Beteiligung vieler Ehrengästen wie Verteidigungsminister Boris Pistorius, dem Inspekteur der Bundeswehr, General Breuer, und vielen weiteren nationalen wie internationalen Gästen beim LTG 62 in Wunstorf statt. Das mit großer Medienpräsenz bedachte Event erforderte monatelange Planung und Vorbereitung und war letztendlich ein voller Erfolg.

Am 21. Juni führte der Verband ein großes Familienfest am Standort durch, bei dem mehrere Tausend Besucher einen Blick hinter die Kulissen werfen, den A400M hautnah erleben und diversen Vorführungen beiwohnen konnten. Nur eine Woche später, am 28. Juni, stand der A400M am »Tag der Bundeswehr« an allen zehn Veranstaltungen mit Überflügen, in Static Displays und dynamischen Flugvorführungen im Mittelpunkt. Die Überflüge fanden mit jeweils drei Maschinen statt, bei den Static Displays, in Schleswig und Bückeburg, bestand ein riesiges Interesse durch die Besucher. Auch dies verdeutlicht die Bedeutung, die das Waffensystem mittlerweile für die Bundeswehr einnimmt.

Einen weiteren wichtigen Meilenstein hinsichtlich der Fähigkeiten des A400M konnte Mitte 2025 erreicht werden. Eine über 30 Tonnen wiegende Einzellast, in diesem Fall ein Schützenpanzer Puma, wurden nach entsprechender Vorbereitung im Frachtraum verladen und im Rahmen eines Testflugs transportiert. Die Aktion unter Federführung der TTVG wurde auch von Airbus-Spezialisten verfolgt, denn aktuell wird konkret untersucht, ob die zulässige Zuladung des A400M erhöht werden kann, sie liegt derzeit bei 37 Tonnen, das ist mehr als das Doppelte der C-160 Transall. Das Jahr 2025 hielt noch weitere Erprobungsvorhaben bereit. So testet man die Tiefflugfähigkeit bei Nacht über wüstenartigem Gelände. Hier gibt es praktisch keine Referenzpunkte für die Navigation und kaum verstärkbares Licht steht zur Verfügung. Diese 14-tägige Kampagne fand in der Mojavewüste in Kalifornien, USA statt. Nach einem ersten Flug am Tage auf einer Testroute, die verschiedenste Terrains bereithielt, wurde anschließend bei immer dunkler werdenden Nächten fortgeführt. Hierbei konnten wertvolle Erkenntnisse für die taktische Fliegerei gesammelt werden. Weiterhin erprobte der Verband vor Ort in Wunstorf ein neues Entladeverfahren bei laufenden Triebwerken und in Bewegung das sogenannte COLPA-Verfahren (Combat Offload of Pallets Automatic). Diese Vorgehensweise könnte auf Plätzen ohne Entlademöglichkeit und größerer Bedrohung zur Anwendung kommen. Hierbei wird das Luftfahrzeug bei geöffneter Rampe auf ca. 100 km/h beschleunigt. Durch die Massenträgheit rutscht die Last dann automatisch aus dem A400M. Anschließend kann direkt gestartet werden, hierfür benötigt der Transporter wenigstens 430 Meter. Insgesamt können maximal sechs Paletten mit 3,5 Tonnen Gewicht entladen werden. Wie bei allen Verfahren erteilt letztendlich das Bundesamt für Ausrüstung und Informationstechnik der Bundeswehr (BAAINBw) die endgültige Nutzungsfreigabe.

Am Nachmittag des 27. November 2025 landete der 51. A400M nach erfolgreichem Überführungsflug von Sevilla kommend in Wunstorf. Das Flugzeug trägt ungewöhnlicherweise die taktische Kennung 54+61, nicht wie es fortlaufend 54+51 hätte sein müssen. Die Luftwaffe entschied aus Verbundenheit zu den drei Transportverbänden LTG 61, LTG 62 und LTG 63 die letzten drei A400M entsprechend zu kodieren. Diese drei Flugzeuge werden übrigens zusätzlich Wappen der Verbände erhalten. Die 54+61 trug als erste Maschine Betankungspods für Hubschrauber mit verlängerten Schläuchen und speziellen, sich größer ausdehnenden Körben.

Im Verlauf des Jahres 2025 wurde entschieden, dass alle 53 A400M fest dem LTG 62 zugeordnet werden sollen. Zuvor war geplant gewesen, dass zwei Maschinen der WTD 61 und eine Maschine dem Technischen Ausbildungszentrum übereignet werden. Nun bleibt es dabei, wie es auch zuvor geregelt war, beide Dienststellen leihen sich ein Flugzeug zum Teil längerfristig aus und es findet eine regelmäßige Rotation der »Tailsigns« statt.

Auch im Jahr 2026 ging es für den Wunstorfer Verband dynamisch weiter. Es galt den Ausbildungsfokus weiter auf die taktischen Inhalte zu legen. Das Geschwader ist immer in Bereitschaft und muss sich sehr schnell auf außergewöhnliche Anforderungen einstellen. Eine solche ergab sich Mitte Februar als sich ein A400M am Einsatz »enhanced Vigilance Activity Arctic Centry« (eVA ARSN) beteiligte.

Am 13. Februar verlegte ein Kommando bestehend aus vier Eurofightern aus Neuburg und ein A400M nach Island und operierten auch von Grönland aus. Mit dieser Mission wollten einige europäische Staaten demonstrativ Verteidigungsbereitschaft in diesem sensiblen Bereich demonstrieren.

Das Jahr 2026 markiert hinsichtlich dem Waffensystem A400M einen ganz wesentlichen Meilenstein: Mit der Landung des 53. und (ggfs. vorerst) letzten Militärtransporter am 17. April (Kennung 54+63) endete die

Luftwaffe/Wolff

Am 26. Juni 2026 flog ein A400M Nonstop rund 12.500 km von Wunstorf nach Hawaii. Während des Ultra-Langstreckenflugs wurde die Maschine zweimal durch eigene A400M in der Luft betankt. Hierbei wurden ca. 35 Tonnen Sprit übernommen.

Luftwaffe/Wolff

Eine intensive Vorplanung ging dem Flug nach Kona, Oahu voraus.

Auslieferungsphase nach immerhin ca. elfeinhalb Jahren. Zuvor, am 6. Februar, war mit der 54+62 pünktlich die vorletzte A400M nach Wunstorf überführt worden. Bedenkt man die lange Geschichte des europäischen Transportflugzeuges, die schon in den achtziger Jahren ihren Anfang nahm und während der das Programm mehrfach auf der Kippe stand, sicherlich ein sehr emotionaler Höhepunkt für die Beteiligten bei BAAINBw, Luftwaffe und dem Hersteller Airbus. Doch das Programm ist noch lange nicht abgeschlossen, es stehen weitere Fähigkeitsanpassungen und Nachrüstungsprogramme an, so. z.B. die Ausrüstung weiterer 23 A400M mit dem Selbstverteidigungssystem DIRCM. Das Waffensystem A400M wird somit noch einige Jahrzehnte maßgeblich das Bild auf dem Fliegerhorst Wunstorf prägen.

Anlässlich des 70. Jubiläums der Luftwaffe erhielt die 54+09 eine Sonderfolierung am Leitwerk und nahm so an der ILA 2026 in Berlin teil.

Frank Vetter

Der Verband und der Standort Wunstorf

Das LTG 62 in Wunstorf bei Hannover betreibt als einziger fliegender Verband der Luftwaffe den Airbus A400M.

Mit der geplanten Einführung des A400M gingen tiefgreifende Anpassungen hinsichtlich der Infrastruktur am Standort und eine neu ausgerichtete Gliederung des Geschwaders einher. Schon am 4. September 2009 erfolgte diesbezüglich der erste Spatenstich. Insgesamt wurden zunächst 19 Maßnahmen auf dem 414 Hektar großen Fliegerhorst eingeplant, um das neue Flugzeugmuster bis November 2014 optimal betreiben zu können, Kostenpunkt dafür ca. 400 Mio. Euro. Zunächst wurde die Start- und Landebahn (08/26) komplett saniert und um 650 Meter auf insgesamt 2500 Meter verlängert. In der Bauphase erfolgte der Flugbetrieb über die nach Südwesten ausgerichtete Bahn 03/21. Auch der Abstellbereich erhielt eine Erneuerung und Erweiterung in Richtung Osten. Im Westen, anschließend an den Abstellbereich, entstand bis Ende 2016 eine rund 11.000 m² große Wartungs- und Waschhalle mit Platz für drei Flugzeugen. Weiterhin wurden zwei Instandsetzungshallen, jeweils 125 Meter lang und 26 Meter hoch, mit je zwei Dockplätzen errichtet. Auch der fliegerische Bereich profitierte von den Infrastrukturmaßnahmen: Etwas zurückgesetzt baute man für ca. zehn Mio. Euro ein mit moderner Technik ausgerüstetes Einsatz- und Staffelgebäude. Hier sind nun zentral neben dem Gefechtsstand (Wing Operations Center) die 1. und 2. Fliegende Staffel sowie der Wetterdienst untergebracht. Die Fertigstellung erfolgte im Juli 2014.

Weiterhin erhielt die Standortfeuerwehr ein neues Gebäude, das nun neun Löschfahrzeugen Platz bietet und von 2025-2026 nochmals erweitert wurde. Ein wichtiges Element war weiterhin die Neugestaltung des Logistikbereichs. Nun mit eigener Zufahrt vor der Hauptwache versehen, erhielt es eine kleine, aber feine Abfertigungshalle für die Passagiere und eine Halle für den Materialumschlag, insgesamt 2000 m². Dieser Bauan-

Morgenstimmung über dem Wunstorfer Vorfeld.

Frank Vetter

Bernd Vetter

Bernd Vetter

teil erfolgte zwischen 2015 und 2016. Parallel erfolgte die Modernisierung der IT-Netze, die Sanierung von Unterkunftsbereichen und die Verbesserung der Wärmeversorgung und Entwässerung.

Weitere sehr zentrale Bausteine bei der Modernisierung des Standortes des LTG 62 waren drei Gebäude für das große Ausbildungszentrum. Annähernd 12.000 m² Nutzfläche wurden geschaffen. Diese Erweiterung beinhaltete ein Simulatorgebäude, eine Halle für ein Ausbildungsflugzeug, eine Halle für diverse Sektions-Mock-Ups, die für die praktische Ausbildung genutzt werden und das dazugehörige Schulungsgebäude mit den entsprechenden Hörsälen.

Der Standort wird fortlaufend modernisiert, auch der Tower soll bis 2029 durch einen neuen ersetzt werden.

Sukzessive wurden in den folgenden Jahren weitere Infrastrukturmaßnahmen auf dem Fliegerhorst realisiert. So entstand bis Ende 2017 eine neue Halle mit Unterstellmöglichkeiten für die diversen Sonderfahrzeuge des Verbandes. Ab März 2017 begann der Bau eines neuen Gebäudekomplexes, der für die Teileinheit »MedEvac« und für den Bereich des Fliegerarztes vorgesehen ist. Das Richtfest konnte am. 27. September 2018 gefeiert werden. Es war das zwölfte Richtfest auf dem Flugplatz Wunstorf nach Beginn der Infrastrukturmaßnahmen im Zusammenhang mit dem A400M. Neben modernen Bürogebäuden besteht das Bauwerk auch aus einer Halle mit direktem Zugang zum Vorfeld. Dort werden die MedEvac-Geräte bevorratet und in spezialisierten Werkstätten gewartet, weiterhin gibt es eine eigene Apotheke, die sich um die Bevorratung der vielen Medikamente und Verbandstoffe kümmert.

In Vorbereitung auf das Einsatzmuster wurden unter anderem neue Wartungshallen in Wunstorf gebaut.

Neben diesem spezialisierten Gebäude entstand an anderer Stelle des Platzes ein neues Sanitätsversorgungszentrum, in dem die Soldatinnen und Soldaten des Standorts allgemeinmedizinisch, zahnärztlich und notfallmedizinisch versorgt werden können.

Sukzessive wird der Standort weiter modernisiert und den Gegebenheiten angepasst. Ein sehr wichtiges Bauvorhaben begann Anfang des Jahres 2025 und zwar die Errichtung eines neuen Towers, der im Süden des Platzes entstehen wird. Die Fertigstellung ist für 2029 geplant. Weitere geplante Vorhaben sind der Neubau einer Ausbildungswerkstatt, eines zentralen Tanklagers und weitere Bauten für Teileinheiten der Technischen Gruppe, wie z.B. ein Gebäude für den »ACS Role Change«.

Struktur und Aufbau des Geschwaders

Mit Einführung des A400M war es nötig die Verbands-Struktur weiterzuentwickeln und den Anforderungen anzupassen. Insgesamt besteht das Personal aus rund 1500 Soldatinnen und Soldaten und 350 Zivilbeschäftigte. Das LTG 62 besteht aus vier Säulen, dem Stab LTG 62, der Fliegenden Gruppe, der Technischen Gruppe sowie der Ausbildungsinspektion.

Stab LTG 62

Der Stab des Geschwaders unterstützt den Kommodore bei der Umsetzung des Auftrags durch eine zentrale Steuerung und Planung. Dem Kommodore steht der stellvertretende Kommodore im Range eines Oberst zur Seite. Ihnen unterstehen die Sachgebiete S1 (Personalwesen), S2 (militärische Sicherheit), S3 (Einsatz, Organisation und Ausbildung), S4 (Logistik) und S6 (IT und Kommunikation). Vier weitere Bereiche sind Teil des Stabes. Dies ist der Fliegerarzt, dem auch die komplette Teileinheit »MedEvac« untersteht, die Flugsicherheit, die Fliegerische Standardisierung und das OT&E-Team A400M.

Fliegende Gruppe

Die Fliegende Gruppe besteht aus vier Fliegenden Staffeln und der Flugbetriebsstaffel. Sie verfügt inklusive des Stabes über rund 500 Soldatinnen und Soldaten sowie Zivilbeschäftigte. Der Stabszug der Gruppe betreibt u.a. das Wing Operations Center (Gefechtsstand). Weiterhin gehören die Flugdienstberater, die Einsätze vorbereiten und eine Performance-Zelle zum Stab.

Die 1., 2. und 3. Fliegende Staffel sind Heimat der Besatzungen, Piloten und Technische Ladungsmeister, jeweils rund 100 und führen die fliegerischen Aufträge des Verbandes durch. Insgesamt verteilen sich ca. 190 Piloten und 120 TLM auf die Teileinheiten, allerdings ein Teil davon noch ohne vollständige Qualifikationen. Die 1. Staffel verantwortet neben ihrem Routineauf-

Eindrucksvolle Ansammlung: Insgesamt 30 Stellplätze stehen für den A400M zur Verfügung.

Frank Vetter

trag insbesondere die Ausbildung neuer Piloten und TLM im Rahmen des Linetrainings. D.h., dass junge, angehende einsatzbereite Crewmitglieder nach ihrem erfolgreichen Typenlehrgang zunächst in die 1. Staffel wechseln. Die 2. Fliegende Staffel konzentriert sich u.a. auf die Ausbildung der taktischen Inhalte. Die 3. Fliegende Staffel, erst im Januar 2019 aufgestellt, hat den Sonderauftrag im Bedarfsfall für deutsche Spezialkräfte zur Verfügung zu stehen. Entsprechend finden sich besonders erfahren Besatzungen in der 3., die über die notwendigen taktischen »Labels«, also gültige Tätigkeitsnachweise für die vielfältigen taktischen Aufgaben verfügen, um jederzeit das komplette Auftragsspektrum ausführen zu können. Die 4. Fliegende Staffel ist in Bremen stationiert, ein Teil des Personals befindet sich allerdings auch in Montpellier, Frankreich. Sie beauftragt und beaufsichtigt die Transportflugzeugführer-Ausbildung, die von der zivilen Firma CAE durchgeführt wird. Die Grundschulung erfolgt in Montpellier auf dem Muster Diamond DA40, die Weiterschulung auf der zweimotorigen Diamond DA42.

Die Flugbetriebsstaffel mit ebenfalls rund 100 Angehörigen rundet den Bereich der Fliegenden Gruppe ab. Sie stellt den Flugbetrieb des Verbandes sicher, dazu gehört der Betrieb der Flugsicherungsdienste (Tower und Radar). Weiterhin umfasst der Verantwortungsbereich die Ausbildung und das Bereithalten von Personal für eine mögliche Errichtung und den Betrieb einer abgesetzten Einsatzbasis. Darüber hinaus die Durchführung von Aufgaben des Geoinformationswesens, die Beratung der Geschwaderführung in Angelegenheiten der militärischen Flugsicherung sowie das Sicherstellen der Führungsunterstützung des A400M im Grundbetrieb und Ausbildung mit allen IT-Systemen bzw. -Services. Die Staffel verfügt über acht Teilbereiche, und zwar Flugsicherungskontrolldienst (Tower und Radar), Geoinformationsdienst, Wetterbeobachtung, SATCO, Flugsicherung und Fernmeldetechnik, Flugsicherungsfunktechnik, Flugsicherungsradartechnik und Informationstechnik Waffensystem A400M.

Die fliegende Gruppe des LTG 62 ist für den Flugbetrieb des Verbandes verantwortlich. Transportaufträge werden überwiegend durch das European Air Transport Command (EATC) in Eindhoven eingesteuert.

Frank Vetter

Luftwaffe/Boehnke

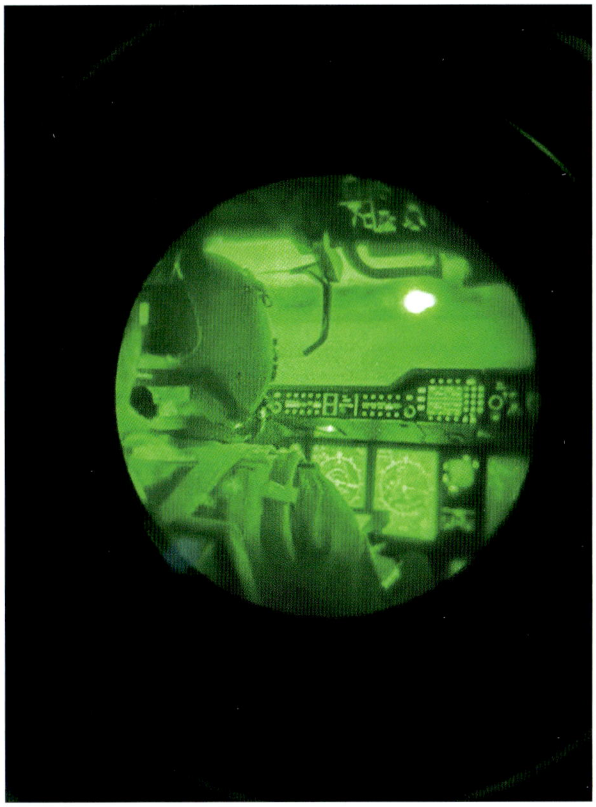

Luftwaffe/Boehnke

Links: Vorbereitungen für einen taktischen Ausbildungs-Tiefflug mit Restbildverstärkern bei Nacht. Die 2. Fliegende Staffel führt den taktischen Ausbildungsauftrag durch.

Rechts: Der Tiefflug mit Restbildverstärkern benötigt einiges an Training, das überwiegend im Simulator erfolgen kann. Trotzdem sind reale Einsätze unerlässlich.

Luftwaffe/Rott

Die Flughafenfeuerwehr in Wunstorf ist essentiell für die Durchführung des Flugbetriebs. Die Feuerwache ist rund um die Uhr besetzt. Bei normalen Einsatztagen sind immer mindestens zehn Feuerwehr-Spezialisten im Dienst. Die Besatzungsrettung wird, wie hier zu sehen, regelmäßig trainiert.

Frank Vetter

Der Flugbetrieb besteht aus einem Mix von Einsatzaufträgen und Trainingsmissionen.

Luftwaffe/Dittmann

Zum Stab der Fliegenden Gruppe gehören u.a. Flugdienstberaterinnen- und berater, die geplante Einsätze im Vorfeld optimal vorbereiten.

Luftwaffe/Lueer

Ohne das Flugsicherungspersonal im Tower und am Radar wäre der Flugbetrieb nicht möglich.

Technische Gruppe

Die Technische Gruppe vereint mit ca. 950 Soldatinnen und Soldaten sowie zivilen Mitarbeitenden den größten Personalanteil des Geschwaders auf sich. Die Teileinheit besteht neben dem Gruppenstab aus der 1. und 2. Technischen Staffel, der Nachschub- und Transportstaffel sowie der Ausbildungswerkstatt. Der Stab selbst ist mit ca. 110 Angehörigen die zentrale Planungs- und Steuerungsstelle für die auszuführenden Arbeiten am A400M.

Die 1. Technische Staffel mit rund 240 Angehörigen konzentriert sich auf Arbeitsanteile der sogenannten Line Maintenance. Dies sind insbesondere Vor- und Nachflugkontrollen und Wartungsmaßnahmen geringerer Intensität wie A-Check und Sonderinspektionen. Ein wichtiger Bereich ist das Trouble Shooting, also die Fehleridentifizierung bei einem Defekt. Rad- und Reifenwechsel, Be- und Enttankung und Boroskop-Inspektionen gehören ebenfalls zum Repertoire der Staffel. Einen wichtigen Aspekt deckt die Fachgruppe »Aircraft Ground Servicing/Role Change« ab. Sie führt die oftmals kurzfristigen Konfigurationsänderungen im Laderaum durch, z.B. hinsichtlich Passagier- oder Materialtransport, betreut aber auch alle Gastflugzeuge im Rahmen des »Cross Services«. Eine weitere Fachgruppe kümmert sich um die Flugzeugreinigung, Enteisung, so nötig und unternimmt die Schleppvorgänge der Luftfahrzeuge. Die Staffel verfügt über eine Wasch- und Wartungshalle mit drei Stellplätzen, wobei ein Platz aktuell an Airbus vermietet ist. Auch die 30 Stellplätze auf dem Vorfeld werden von ihr verwaltet.

Die 2. Technische Staffel mit rund 140 Angehörigen (davon sind ca. 60% Soldatinnen und Soldaten) verantwortet die »Base Maintenance« am A400M, also die Maßnahmen größerer Intensität wie z.B. C-Check, der alle 24 Monate abzuarbeiten ist. Dafür steht ihr vier Dockplätze in zwei Hallen zur Verfügung. Weitere Aufgaben sind Strukturinstandsetzungen, zerstörungsfreie Werkstoffprüfung und Gefechtsschadenbeseitigung. Im ersten Zug sind die Fluggerätemechaniker, im zweiten die Luftfahrzeugelektroniker zusammengefasst. Wesentlicher Bestandteil der 2. Staffel

Die Technische Gruppe kann zur Erfüllung ihres Auftrags auf eine moderne Infrastruktur zurückgreifen. In den Hallen finden diverse Wartungsereignisse, z.B. A- und C-Checks, statt.

Luftwaffe

Bernd Vetter

Bernd Vetter

Die Antriebe des A400M sind, inklusive der Getriebe und Propeller, sicherlich besonders herausfordernd bezüglich deren Wartung und Instandsetzung. Das LTG 62 verfügt über alle nötigen Hilfsmittel, um die Arbeiten effektiv durchzuführen.

Mittlerweile verfügen die Techniker über einen großen Erfahrungsschatz mit ihrem Einsatzmuster.

sind darüber hinaus einige Fachwerkstätten wie Strukturinstandsetzung, Triebwerk, Räder/Bremsen/Batterie, Luftbetankung, Sattler/Tischler/Schlosser und Bodendienstgeräte, die mit ihren Spezialisten u.a. die Komponenten des Waffensystems im ausgebauten Zustand warten und instandsetzen.

Als dritte Teileinheit der Technischen Gruppe deckt die Nachschub- und Transportstaffel (NuT) in vier Teilbereichen ein sehr vielseitiges Aufgabenspektrum ab. Ohne Material ist kein Flugbetrieb möglich. Im Bereich Nachschublenkung dreht sich alles um die Beschaffung, Annahme und Versand, Disposition und Lagerung der vielen benötigten Materialpositionen des modernen Transportflugzeuges. Darüber hinaus verantwortet die Staffel die Truppenversorgung. Dazu gehört auch das Betriebsstofflager mit dem dazugehörigem Transport und der Betankung der Flugzeuge sowie die Munitionsverwaltung, was den Selbstschutz des A400M einschließt. Weiterhin betreibt die Einheit einen taktischen Feldküchentrupp.

Um die vielfältigen Aufgaben rund um den Bodentransport und Fahrdienst kümmert sich eine separate Teileinheit der Nachschub- und Transportstaffel. Sie unterhält einen zentralen wie einen besonderen Fahrdienst, letzterer ist z.B. auch für die Kehrmaschinen und Schneeräumungsfahrzeuge verantwortlich, für den Bedarfsfall stehen Krahnfahrzeuge zur Verfügung. Die Einheit ist in der Lage notwendige KFZ-Wartung und Instandsetzung in eigener Regie durchzuführen.

Die vierte Säule der NuT ist der Luftumschlagzug, die Teileinheit ist für den Transportverband von zentraler Bedeutung. Mit dem neuen Einsatzmuster und dessen hoher und flexibler Ladekapazität musste auch dieser Bereich, inklusive der Infrastruktur, komplett neu aufgebaut werden. So entstand eine kleine Abfertigungshalle für die Passagiere und eine Halle für den Materialumschlag mit separater Zufahrt aus dem zivilen Bereich. Dort werden durch die Angehörigen ankommende Passagiere empfangen und abgefertigt. Dazu gehören Pass-, Zoll- und Sicherheitskontrollen, wie das auf allen Flughäfen Standard ist. Der Fluggast erhält auch eine Bordkarte, er kann sein Gepäck aufgeben. Bei anstehenden Logistikflügen stellen die Angehörigen auch die Fracht pass- und gewichtsgerecht zusammen und bestücken Spezialfahrzeuge »Loader«, die dann zur Beladung der A400M verwendet werden. Insgesamt rund 80 Personen arbeiten in drei Schichten, so benötig, rund um die Uhr, um Einsätze vorzubereiten oder ankommende Maschinen zu entladen und das Material für den Weitertransport zur Verfügung zu stellen. Da diese Tätigkeiten bei allen Einsätzen des Geschwaders essenziell sind, müssen sich die Angehörigen auf regelmäßige Auslandseinsätze einstellen.

Eine besondere Bedeutung für die Region Hannover spielt die ebenfalls zur Technischen Gruppe gehörende Ausbildungswerkstatt. Insgesamt bis zu 152 Auszubildende lernen dort die Berufe »Fluggerätemechaniker«, »Fluggeräteelektroniker« und »Elektroniker für Geräte und Systeme«. Die zivile Ausbildung dauert dreieinhalb Jahre und findet dual statt. Pro Lehrjahr werden 38 Lehrlinge eingestellt. Die Lehrwerkstatt soll bis 2028 neu gebaut werden und dadurch eine moderne Infrastruktur bieten. Damit unterstreicht die Luftwaffe ihr langfristiges Engagement in diesen Zweig der Personalbindung.

Luftwaffe

Zu den wichtigen Hilfsmitteln gehört auch der sog. fliegende Teppich, der Arbeiten über Rumpf und Flügeln ermöglicht.

Luftwaffe

Luftfahrtechniker der 2. Technischen Staffel, verantwortlich für die »Base Maintenance« am A400M, bei der Arbeit.

Luftwaffe

Die Angehörigen der 1. Technischen Staffel konzentrieren sich auf die sog. »Line Maintenance«. Dazu gehört z.B. auch ein Reifenwechsel auf dem Vorfeld.

Bernd Vetter

Diverse Fachwerkstätten der 2. Technischen Staffel bearbeiten ausgebaute Systembauteile des A400M. Hier z.B. in der Räder- und Bremsenwerkstatt.

Bernd Vetter

Auch die Betankungskomponenten des A400M werden in einer spezialisierten Werkstatt gewartet, und, falls nötig, instandgesetzt.

Luftwaffe

Flugzeug-Enteisung ist ab bestimmten Temperaturen Pflicht. Diese Tätigkeit wird von den Angehörigen der 1. Technischen Staffel wahrgenommen.

Luftwaffe/Baehr

Als Teil der NuT ist der Luftumschlagzug für die Bereitstellung der Fracht und die Beladung der A400M verantwortlich.

Luftwaffe/ Simon Otte

Die NuT betreibt ein kleines, aber feines Abfertigungsterminal für Passagiere und Fracht.

Frank Vetter

Teamwork: Während Angehörige der NuT mit einem Tankfahrzeug den A400M 54+47 mit Kerosin versorgen, arbeiten Techniker der 2. Technischen Staffel an einem Betankungs-Behälter.

Ausbildungsinspektion

Der personalmäßig kleinste Teil des Lufttransportgeschwaders 62 ist die Ausbildungsinspektion. Im Fokus steht die Ausbildung und schließlich Erteilung der Typenberechtigung auf dem A400M für neue Piloten und Technische Ladungsmeister auf dem Muster. Weiterhin werden einsatzbereite Flugzeugführer zu Kommandanten weitergeschult und eine taktische Basisausbildung vermittelt. Auch die A400M-spezifische Ausbildung des Luftumschlags-, des IT-Unterstützungs- und des Flugdienstberatungspersonals wird von der Ausbildungsinspektion verantwortet.

Luftwaffe/Maronn

Am 6. Juli 2017 erhielt die Teileinheit ihre Zulassung als »Approved Training Organization« (ATO).

Luftwaffe/ Martin Buschhorn

Frank Vetter

Herzstück der Ausbildungsinspektion sind die zwei Full-Flight Simulatoren.
Rechts: Ebenfalls Teil der Ausbildungsinspektion ist der Cargo Hold Trainer-Enhanced (CHT-E), der zur Ausbildung der Technischen Ladungsmeistern und des Luftumschlagpersonals genutzt wird.

Die A400M-Ausbildung im LTG 62

Als eine der vier Säulen des Geschwaders verantwortet die Ausbildungsinspektion die fliegerische Ausbildung, die Musterberechtigung für die Technischen Ladungsmeister, sowie musterspezifische Ausbildung des Luftumschlagpersonals, der Flugdienstberater und IT-Unterstützungspersonals. Die Teileinheit wurde im Juli 2014 aufgestellt und besteht aktuell aus 70 militärischen und zivilen Mitarbeitern.

Fliegerische Ausbildung

Mit Einführung des A400M fand hinsichtlich der Ausbildung praktisch ein Neustart verglichen mit der Transall-Zeit statt. Mit Hilfe der modernen zur Verfügung stehenden Simulatoren und angeleitet durch die Trainingsgrundsätze des Flugzeugherstellers Airbus konnte eine ganz neue Ausbildungs-Philosophie etabliert werden. Musste man als Schüler auf der Transall noch einen sehr intensiven 8-monatigen Kurs mit einem großen praktischen Anteil in der Luft durchlaufen, so beschränkt sich das aktuelle Typrating auf dem A400M auf nur elf Wochen reine Simulator-Ausbildung. Zum Abschluss erfolgt der einzige, 45 Minuten lange Realflug, der fünf Platzrunden mit Start und Landungen und einen Anflug beinhaltet. Dieser effiziente Ansatz ist nur mit Hilfe der zwei Full-Flight-Simulatoren möglich, die über eine sogenannte Level-D-Zertifizierung verfügen. Dies bedeutet, dass dort durch die extrem realistische Simulation eine Stunde als reale Flugzeit gezählt werden darf. Das Ausbildungsgerät ermöglicht somit Lizenzerwerb- und Erhaltung ohne das echte Flüge im A400M absolviert werden müssen.

Bernd Vetter

Die zwei Full-Flight-Simulatoren ermöglichen durch ihre sogenannte Level-D-Zertifizierung, dass die A400M-Flugberechtigung ohne reale Flugstunden möglich ist.

Ein Lehrgangsteilnehmer beginnt seinen A400M-Typenlehrgang typischerweise etwa fünf Jahre nach dem Eintritt in die Bundeswehr. Zu diesem Zeitpunkt ist der fliegerische Grundlehrgang erfolgreich absolviert, der neuerdings von der Firma CAE in Montpellier und in Bremen im Auftrag für die Bundeswehr durchgeführt wird. Die langjährige Zusammenarbeit mit der Lufthansa-Flugschule in Phoenix und in Bremen war beendet worden. CAE nutzt für die Erstschulung in Montpellier die einmotorige Diamond DA40, für die Weiterschulung dann die Diamond DA42 mit zwei Antrieben. Allerdings zeigte sich die Umstellung von der bewährten Ausbildung gemeinsam mit den Schülerinnen und Schülern der Kranich-Airline hin zum neuen Anbieter hakelig, da dieser keiner Erfahrung besaß und das Training erst aufbauen musste. Auch die DA42 als zweimotoriges Schulungsmuster eignet sich für diesen Zweck nicht ideal, da der fliegerische Sprung auf den ca. 70-mal schwereren Airbus enorm ist.

Im Jahr 2025 waren insgesamt 36 Typrating-Schüler und Schülerinnen eingeplant, die etwa Zweidrittel der Ausbildung zu zweit im Team absolvieren, im letzten Drittel wird ein junger Pilot durch einen Kommandantenschüler ersetzt. Insgesamt 18 Fluglehrer stehen zur Anleitung und Überprüfung bereit.

Der 11-wöchige Lehrgang besteht aus ca. 200 Theoriestunden, die komplett computerbasiert (CBT) und ohne jeglichen Frontalunterricht absolviert werden. Aktuell ist die Unterstützung mithilfe von VR-Brillen in Vorbereitung. Parallel beginnt sofort die Nutzung der Simulatoren, und zwar neben den Full-Flight-Simulatoren (FFS) auch mit Hilfe das sogenannte Flat Panel-Flight Training Device (FP-FTD). Deutlich einfacher als der FFS mit Monitoren statt echten Instrumenten ausgestattet und nicht beweglich lassen sich mit dem FTD insbesondere Standardverfahren sehr gut üben. Ein wichtiger Aspekt der Ausbildung ist es, dass die angehenden A400M-Pilotinnen und Piloten von Anfang an die Möglichkeit haben Praxis in den Simulatoren zu sammeln. Bis zum Ende der Ausbildung werden sich ca. 100 Praxisstunden in einem der modernen Trainingshilfen ansammeln. Die beiden FFS stehen an den Wochentagen in vier jeweils vierstündigen Slots zur Verfügung, Samstag werden weitere zwei vierstündige Blöcke ermöglicht. Prinzipiell können sie mit Unterbrechung kleinerer Wartungsunterbrechungen durchgehend laufen. Der Betrieb der Simulatoren erfolgt durch die

Auch von außerhalb des Simulators kann das Lehrpersonal überwachen und anleiten.

Luftwaffe

Der Simulator ist extrem realistisch. Einzig die Abbildung taktischer Szenarien ist verbesserungswürdig.

Luftwaffe

Firma GFD (Gesellschaft für Flugzieldarstellung). Die zivile Firma ist eine 100%ige Tochter von Airbus und bekannt für deren Learjet-Zieldarstellungsflugzeuge, die in Rendsburg beheimatet sind und wichtige Trainingsmöglichkeiten für die Verbände der Luftwaffe zur Verfügung stellen. Die GFD stellt auch vier Fluglehrer im Ausbildungsbetrieb.

Bei der Schulung geht es neben den rein fliegerischen Aspekten insbesondere darum das »Procedural Knowledge«, also das korrekte Ausführen vorgegebener Verfahren und Abfolgen zu vermitteln. Diese zentrale Airbus-Philosophie ist bei allen Mustern des Herstellers Kernelement der Flugzeug-Führung. Die beiden FFS sind optimal geeignet die Anforderungen hinsichtlich Typrating und Scheinerhaltung zu erfüllen. Auch für die Ausbildung zum Kommandanten und die routinemäßigen, lizenzrelevanten Checkflüge der Piloten- und Pilotinnen sind mit den Simulatoren sehr gut, effizient und kostengünstig durchführbar. Bei einem weiteren Ausbildungsauftrag der Inspektion, nämlich der taktischen Basisausbildung stoßen sie allerdings an ihre Grenzen, da insbesondere das Simulator-Sichtsystem kaum adäquate Szenarien bieten kann. Da dieser fliegerische Aspekt immer mehr in den Fokus des A400M-Einsatzes rückt, sollen die Nachfolgesysteme ab 2030 deutlich mehr in dieser Richtung leisten können. Ideal wäre auch eine Vernetzung mit Simulatoren anderer Waffensysteme, z.B. mit dem Eurofighter, dessen Simulatorsysteme hinsichtlich taktischer Trainingsmöglichkeiten sehr weit entwickelt und leistungsfähig sind. Auf der Wunschliste für ein Nachfolgemodell steht darüber hinaus ein fotorealistisches Sichtsystem.

Selbst die Luft-Luft-Betankung an einem A400M kann vorab trainiert werden.

Frank Vetter

Eine erste Gewöhnung an das Cockpit des A400M findet im Flat Panel-Flight Training Device (FP-FTD) statt. Es ist deutlich einfacher aufgebaut als der FFS, erlaubt aber z.B. optimal das Abarbeiten von Check-Listen.

Bernd Vetter

Ausbildung der Technischen Ladungsmeister und des Luftumschlagpersonals

Ein weiterer wichtiger Ausbildungsbereich der Inspektion ist die Schulung von Technischen Ladungsmeistern und von Luftumschlagpersonal. Hierfür stehen zwei Frachtladeraumsimulatoren zur Verfügung, die neue Maßstäbe setzen. Schon seit 2015 kann der Verband auf den sogenannten Cargo Hold Trainer-Enhanced (CHT-E) zurückgreifen.

Dieser Simulator der Firma Rheinmetall stellt den A400M-Laderaum sehr realistisch und in Originalgröße nach und ermöglich alle technischen Funktionalitäten bis hin zur originalen Loadmaster Working Station links vor der Einstiegstür. Weiterhin steht ein Ausbilder-Arbeitsplatz zur Verfügung, der von hier aus Szenarien einspielen und die Arbeitsschritte der Schüler unter anderem mittels sechs Kameras im Laderaum kontrollieren kann. Nicht nur Standard- sondern auch die diversen taktischen Verfahren, inklusive Nachteinsätze, können realitätsnah simuliert werden. Auch Notverfahren wie z.B. die Evakuierung der Besatzung sind trainierbar. Durch diese Möglichkeiten können die angehenden TLM optimal auf ihre Aufgabe vorbereitet werden. Auch das luftfahrtmedizinische Personal nutzt den Simulator regelmäßig.

Noch nicht so lange, erst seit 2023, ergänzt der ebenfalls von Rheinmetall gebaute Cargo Hold Part Task Trainer (CPTT) die Ausbildungs- und Trainingsmöglichkeiten rund um den voluminösen Laderaum des A400M. Ebenfalls hinsichtlich der Abmaße identisch zum Original ist der CPTT etwas einfacher, aber dafür robuster als der CHT-E ausgelegt. Er wird flexibel für diverse Ausbildungsabschnitte verwendet und dient insbesondere der Ausbildung des Luftumschlagpersonals. Der Boden und die Rampe haben dieselbe Tragfähigkeit wie das Luftfahrzeug selbst, deswegen kann mit dem CPTT ideal das Verladen neuer, komplexer Lasten wie zum Beispiel Hubschrauber und Fahrzeuge getestet und z.B. die Verzurr-Anforderungen festgelegt werden.

Nicht zuletzt aufgrund der nun idealen Ausbildungsmöglichkeiten mithilfe der leistungsfähigen und intensiv nutzbaren Simulatoren ist die Ausbildungsinspektion in der Lage Personal sehr viel effizienter und schneller, als dies in der vor A400M-Zeit der Fall war, zu schulen und auf den Einsatz vorzubereiten.

Bernd Vetter

Die Ausbildung erfolgt sehr realitätsnah entweder am hier gezeigten Cargo Hold Trainer-Enhanced (CHT-E) oder am Cargo Hold Part Task Trainer (CPTT).

Frank Vetter

Im CHT-E können die Ausbilder aus dem Kontrollraum eine Vielzahl von Szenarien im Laderaum einspielen und die Abarbeitung überprüfen.

Der zukünftige Arbeitsplatz des Technischen Ladungsmeister links neben der Einstiegstür.

Luftwaffe/Martin Buschhorn

Die Ausbildung findet auch während Einsatzflügen statt. Insbesondere für die Durchführung von Tätigkeiten im taktischen Umfeld müssen durch praktisches Umsetzen sogenannte Labels erreicht und in festgelegten Zeitabständen erneuert werden.

Luftwaffe/Sacha Knoll

Mission German Air Force 643

Die hochwertige Ausbildung angehender A400M-Piloten und Technischer Landungsmeister nimmt beim LTG 62 eine zentrale Rolle ein. Eine Crew muss jederzeit in der Lage sein neben logistischen Flügen, herausfordernde taktische Einsätze und sehr komplexe Aufträge, wie z.B. Evakuierungen unter Bedrohung, bei möglicherweise widrigen Bedingungen und kurzer Vorbereitungszeit sicher, hochprofessionell und ggfs. in enger Koordination mit internationalen Partnern zu meistern. Die Ausbildung ist entsprechend ausgerichtet, um dieses Ziel auf standardisierte Art und Weise zu erreichen.

Nach dem Typrating auf dem A400M, das insbesondere im Rahmen von Simulatortraining erfolgt, gilt es insgesamt 100 Flugstunden im sogenannten Linetraining erfolgreich zu absolvieren. Hier erhält der angehende A400M-Einsatzpilot wertvolle Praxisstunden an der Seite erfahrener Flugzeug-Kommandanten.

Einsatz German Air Force 643 findet genau in einem solchen Rahmen statt. Der angehende Einsatzpilot Hauptmann Maurice hatte sich schon tags zuvor intensiv auf die logistische Mission in den süddeutschen Raum vorbereitet. Am Morgen pünktlich um 0900Z, genau zwei Stunden vor der geplanten Abflugzeit, beginnt die Vorbereitung im Wing Operations Center des LTG 62 zusammen mit dem Kommandanten Oberstleutnant Christoph, ein erfahrener Fluglehrer des Verbandes mit mehreren tausend Flugstunden auch schon auf der Transall, und zusammen mit zwei eingeteilten Technischen Ladungsmeistern (TLM). Nach dem Einchecken am Gefechtsstand des Wing Operations Center und einer kurzen gemeinsamen Besprechung mit allgemeinen Informationen zum geplanten Flugverlauf, verlassen die TLM schon die Flighcrew und begeben sich zur vorgesehenen Maschine, die 54+19, um diese einsatzbereit zu machen.

Ein Flugdienstberater des Geschwaders hatte den geplanten Flug konkret vorbereitet und »brieft« die Flightcrew nun bezüglich dem genauen Flugverlauf anhand der geplanten Wegpunkte, gibt einen Überblick zum erwarteten Wetter, nennt die vorgesehenen Ausweichflugplätze, weist auf zu beachtende NOTAMs (Notice to Airman, aktuelle Hinweise zum Flugverkehr) hin und nennt die genaue Flugzeit zum Ziel. Dieses ist heute der Flugplatz Memmingen im Allgäu. Beim LTG 62 werden Flugdienstberater sehr viel stärker in Anspruch genommen, als dies zu Transall-Zeiten der Fall war. Mit dem A400M bedient das Geschwader sehr viel häufiger internationale und weit entferntere Ziele, sodass es sinnvoll war, ganz analog zu Fluggesellschaften, anstehende Missionen durch spezialisierte Flugdienstbereiter vorbereiten zu lassen. Dies entlastet die Einsatzcrew erheblich und ist insbesondere bei kurzfristigen Aufträgen, die ohnehin eine enorme Flexibilität der Besatzungen abverlangen, von großer Bedeutung.

Derweil gehen beide Piloten den Flug nochmal Schritt für Schritt durch, Maurice hat hierbei den »lead«.

Ein Außencheck ist vor jedem Abflug Pflicht.

Frank Vetter

Bernd Vetter

Intensive Vorbereitung im Cockpit vor dem Anlassen der Triebwerke.

Bernd Vetter

Die Crew an Bord ist regelmäßig via Intercom im Austausch. Das ist Teil des Crew-Ressource-Managements.

Besonderes Augenmerk hat der Anflug- und Überflug in Memmingen. Die Ziele des Fluges werden besprochen, mögliche Eventualitäten thematisiert. Nach Abschluss des Briefings und 60 Minuten vor dem geplanten Start geht's mittels des Fahrdienstes zum Abstellplatz Nummer 19 auf dem großen Vorfeld in Wunstorf. Kurzes Gespräch mit den Warten der Technik und mit den TLM, der Vorflug-Check ist schon erfolgreich beendet, das Luftfahrzeug somit einsatzbereit. Während Hauptmann Maurice das Cockpit für den Flug vorbereitet, unternimmt Oberstleutnant Christoph einen »Walkaround« um das Luftfahrzeug. Hierbei werden neuralgische Punkte am A400M von außen angeschaut, um mögliche Beschädigungen auszuschließen. Fahrwerk, Propellerblätter, Klappen, Steuerflächen, mögliche Undichtigkeiten, Unregelmäßigkeiten an den Tragflächen oder am Rumpf stehen hierbei im Fokus. Zurück im Cockpit arbeitet das Team routiniert das notwendige Prozedere ab. Recht zügig ist der große Transporter »ready to go« und die Triebwerke laufen. Rollen zur Startbahn 08, am äußersten Ende wird eine 180° Umkehrkurve durchgeführt, um die komplette Bahn zur Verfügung zu haben. Gebraucht wird diese allerdings nicht wirklich, der A400M beschleunigt brachial und das Flugzeug ist schon nach ca. 500 Metern in der Luft. Der A400M hat mit den vier maximal 8250 kw abgebenden Triebwerken Leistung im Überfluss. Auch bei maximalem Abfluggewicht gibt es kaum Einschränkungen, mit geringer Zuladung kann das Flugzeug fast wie ein Kampfflugzeug bewegt werden. Nach einer Rechtskurve auf 165 Grad geht es auf Strecke Richtung Süddeutschland. Die Reiseflughöhe beträgt heute 23000 Fuß. Die maximale Fluggeschwindigkeit von Mach 0,68, ca. 750 km/h wird heute nicht benötigt, sie liegt im Vergleich zur Transall, ca. 50% höher, ein weiterer wesentlicher Vorteil des A400M. Während des Reiseflugs bleibt Zeit dem angehenden Einsatzpiloten weitere wertvolle Tipps zu vermitteln. Die Crew an Bord ist regelmäßig via Intercom im Austausch. Das ist gewollt und Teil des Crew-Ressource-Managements. Mit dem Übergang von der Transall wurde die Standardcrew von vier auf drei Mitglieder verringert und das trotz eines insgesamt deutlich größeren, schnelleren und komplexeren Flugzeuges. Auf der einen Seite wird dies durch die moderne Technik aufgefangen, auf der anderen Seite soll die optimale Zusammenarbeit der mindestens drei Crewmitglieder durch das Crew-Ressource-

Frank Vetter

Bernd Vetter

Links: Reiseflug in 23.000 Fuß Höhe.

Rechts: Bei allen Flügen muss ein Technischer Landungsmeister an Bord sein. Er ist für den gesamten Laderaum verantwortlich.

Frank Vetter

Eindrehen auf den Zielflughafen in Süddeutschland.

Bernd Vetter

Bernd Vetter

Oben: Im Anflug auf die Wunstorfer Landebahn 026. Unten: Sekunden vor dem Aufsetzen. Der A400M ist im Vergleich zu anderen Mustern leicht zu fliegen, er profitiert von der sehr weit verbreiteten und bewährten Airbus-Steuerphilosophie und kann praktisch nicht in einen unsicheren Flugzustand gebracht werden. Trotzdem ist der Arbeitsplatz sehr anspruchsvoll, da die Zweimann-Flight-Crew ein sehr viel größeres Einsatzspektrum parat haben muss, als es noch im Vorgängermodell der Fall war.

Managements noch aktiver gelebt werden. Wichtig ist auch das uneingeschränkte Vertrauen der Besatzung untereinander. Der militärische Rang ist nachrangig, man spricht sich mit dem Vornamen an. Im Einsatz bleibt eine Crew im Normalfall zusammen und muss sich jederzeit aufeinander verlassen können.

Nach ca. einer Stunde Flugzeit beginnt der Anflug auf den Flugplatz Memmingen, bis zur Auflösung Mitte 2003 Heimat des mit dem Tornado ausgerüsteten JaboG 34 »Allgäu«. Die Landung hätte gut gepasst, tiefer Überflug und weiter geht's mit den nachfolgenden, vorgegeben Wegpunkten nun wieder in Richtung Norden.

Dem LTG 62 fällt es leicht vorhandenen Pilotenstellen zu besetzen, die Tätigkeit des Transportflugzeugführers auf dem modernen und leistungsfähigen Muster A400M ist sehr attraktiv. Die tagtägliche Abwechslung durch das große Einsatzspektrum ist reizvoll. Darüber hinaus besteht bei den Transportfliegern ein besonderes Zusammengehörigkeitsgefühl, mit Ausnahme der Kameraden auf der C-130 Herkules in Evreux sind alle Teil des LTG 62 in Wunstorf. Von den insgesamt ca. 190 Piloten im Geschwader haben zum Zeitpunkt des Fluges etwa 150 den Status »Mission Ready«, ca. 40 befinden sich im Linetraining. Bis zu dessen Abschluss kann es aufgrund diverser Verpflichtungen z.B. im militärischen Umfeld durchaus einige Monate dauern.

Im A400M hat der Technische Ladungsmeister eine bedeutungsvolle Aufgabe, er ist zuständig für die Nutzung des Frachtraums sei es durch Passagiere, Material oder beides zusammen. Als Teil der Crew verantwortet er diesen Teil des Flugzeuges gegenüber dem Kommandanten. Darüber hinaus nimmt er die Vor-, die Zwischen- (so bei eventueller Zwischenlandung nötig) sowie die Nachflugkontrolle am Airbus vor und ist erster Ansprechpartner bei allen technischen und logistischen Themen. Bis er voll einsatzbereit ist, gilt es eine drei bis dreieinhalbjährige, fundierte Ausbildung zu absolvieren. Grundvoraussetzung ist, dass ein technischer Beruf erlernt wurde. Diverse Lehrgänge sind zunächst als Basis zu bewältigen wie zum Beispiel der sogenannte Kategorie A-Lehrgang, Englischausbildung, technisch-logistisches Englisch, Lehrgang Überleben See, Gefahrgutlehrgänge, daneben militärische Lehrgänge, um den Rang Feldwebel zu erlangen. Nun folgt die Vorausbildung, die unter anderem 15 Flüge auf dem

A400M mit einem Lehrer der Staffel beinhaltet, gefolgt durch das eigentliche Typrating, das aus zehn bis zwölf Wochen Lademeister-Anteil und zehn Wochen Technik besteht. Anschließend gilt es den wichtigen Lehrgang Überleben Land sowie das Linetraining analog der Pilotenausbildung zu absolvieren. Hierbei sollen Wissen und Fertigkeiten verfestigen werden. Nun ist der TLM für logistische Flüge einsatzbereit, aber es fehlt weiterhin der taktische Anteil, der sich sukzessive anschließt. Das LTG 62 verfügt mittlerweile über eine ausreichende Anzahl erfahrener Ausbilder, so erfolgt das Training nach theoretischer Vorbereitung unter praktischer Anleitung. Um die diversen Tätigkeiten im taktischen Umfeld alleinverantwortlich durchführen zu dürfen, müssen durch praktisches Umsetzen sogenannte Labels erreicht werden und in festgelegten Zeitabständen erneuert werden.

Auf dem Flug German Air Force 643 heute sind diese speziellen taktischen Fertigkeiten allerdings nicht gefordert, die Crew bereitet sich routiniert schon wieder auf diverse An- und Überflüge am Heimatflugplatz Wunstorf vor. Dieser verfügt neben der Hauptbahn 08/26 (2500 m x 45 m Beton) über eine zweite voll nutzbare Runway 02/20 (1699 m x 48 m Asphalt) in nord-südlicher Ausrichtung. So war geplant worden die seltener genutzte Bahn 02 anzufliegen. Nach mehreren weiteren Anflügen setzt Pilot Maurice die 54+19 dann weich auf der Standardbahn 08 auf und zurück geht es zum Abstellplatz 19. Nachdem alle Punkte der Checkliste abgearbeitet sind, steht schon das Linetaxi bereit und es geht zurück zum Wing Operations Center, wo eine detaillierte Nachflugbesprechung zunächst der gesamten Crew aber dann noch ausführlicher zwischen den beiden Piloten Oberstleutnant Christoph und Hauptmann Maurice erfolgt. Auch wenn es mit dem Feierabend noch dauern wird, ist heute kein weiterer Flug für die beiden geplant. Im Gegensatz dazu muss die 54+19 nochmal los, sie ist für einen taktischen Nachtflug in der weiteren Umgebung von Wunstorf eingeplant.

Nach der Landung zurück auf dem Abstellplatz in Wunstorf.

Frank Vetter

MedEvac im A400M

Ein wesentlicher Auftrag des LTG 62 ist es im Bedarfsfall medizinische Evakuierungsflüge (MedEvac) durchzuführen. Dies basiert auf dem grundsätzlichen Versprechen der Bundeswehr an ihre Soldatinnen und Soldaten, dass bei Kampfeinsätzen im Ausland zu jeder Zeit Kapazitäten zur Verfügung stehen sollen, um mögliche Verwundete nach Hause zu holen. Der geräumige Laderaum des Airbus-Transporters ist hierfür ideal geeignet. Nach der Einführung war es eine Priorität die Zulassung für diese komplexe Aufgabe zu erreichen, so dass schon zum 1. August 2018 die volle Einsatzfähigkeit der fliegenden Intensivstation hergestellt werden konnte. Der Rüstzustand wird mit »Intensive Care Aeromedical Evacuation« (ICAE) bezeichnet. Seitdem steht in Wunstorf eine Maschine rund um die Uhr für mögliche Einsätze bereit, insgesamt können zwei A400M für medizinische Notfälle ausgerüstet werden. Darüber hinaus bestehen bei der Luftwaffe mittlerweile MedEvac-Kapazitäten mit den neuen A321LR der Flugbereitschaft und auch die CH-53-Hubschrauber können genutzt werden.

Das Herzstück der Ausrüstung ist die sogenannte Patienten-Transport-Einheit (PTE). Es können eine Vielzahl von Hilfsgeräten angeschlossen werden, wie sie auch auf der Intensivstation eines Krankenhauses zu finden sind. Dies umfasst z.B. Beatmungsgerät, Infusionspumpe, Patientenmonitor, Minilabor, Spritzenpumpe für drei Spritzen, Ultraschallgerät, Bronchoskop, Patientenwärmegerät, EKG und Defibrillator. Der Rüstzustand ist teilweise je nach Bedarf konfigurierbar. Unterhalb der Liegefläche befindet sich Raum für Verbandsmaterial, Medikamente und je zwei Sauerstoff- und Druckluftflaschen. Die PTE wird an das Bordnetz im Flugzeug angeschlossen, verfügt aber zusätzlich über Akkus mit mindestens vierstündiger Laufzeit. Insgesamt ist

Die geräumige Kabine des A400M kann bis zu sechs PTEs unterbringen.

Luftwaffe

es möglich im A400M bis zu sechs PTEs anzuschließen und mitzuführen.

Ein neunköpfiges Team unter Führung des Medical Directors, einem Fliegerarzt, befindet sich jederzeit in einer 12-Stunden Bereitschaft. Nach der Alarmierung des LTG 62-Gefechtsstandes durch das EATC in Eindhoven läuft die Zeit. Parallel zur Alarmierung des Verbandes nimmt das zum EATC gehörige Aeromedical Evacuation Control Center (AECC) Kontakt mit dem Medical Director auf und bespricht die medizinischen Einzelheiten des Auftrags. Hieraus ergeben sich die konkreten Anforderungen hinsichtlich der benötigten Ausrüstung. Der Verband hat Rüstcodes definiert, die die verschiedenen Anforderungen abbilden und die Grundlage der Flugzeugausrüstung sind. Der Medical Director kontaktiert den ebenfalls in Bereitschaft befindlichen verantwortlichen Medizingerätetechniker, der mit der Bereitstellung und dem Einbau der geforderten Geräte beginnt. Je nach Umfang kann er auf weitere zwei Mitarbeiter zurückgreifen. Die Umrüstung des A400M-Frachtraums hin zu einer fliegenden Intensivstation dauert je nach Umfang nur zwei bis vier Stunden. Parallel zu diesen Tätigkeiten aktiviert der Gefechtsstand die in Bereitschaft befindliche Flightcrew und die Technik, die das dafür schon reservierte Luftfahrzeug für den Einsatz vorbereitet. Der verantwortliche Medizingerätetechniker nimmt dann auch am Einsatz teil, so dass jederzeit ein Fachmann für das technische Gerät zur Verfügung steht. Zu den weiteren Teilnehmern einer Rettungsmission gehört ein Anästhesieteam (Arzt und Pfleger), ein Medical Crew Chief (MCC) und weitere Notfallmediziner je nach Bedarf. Sie sind allerdings keine Angehörigen des LTG 62, sondern entstammen dem Sanitätsdienst der Bundeswehr.

Der Bereich MedEvac ist mit seinen Angehörigen seit 2019 in einem neugebauten Gebäudekomplex untergebracht. Neben modernen Bürogebäuden besteht das Bauwerk auch aus einer Halle mit direktem Zugang zum Vorfeld. Dort werden die MedEvac-Geräte nicht nur bevorratet, sondern in spezialisierten Werkstätten durch die insgesamt neun Medizintechniker, die über eine fundierte Sanitäts- und eine Technikerausbildung verfügen, nach Herstellerangaben gereinigt und gewartet. Weiterhin verfügt der MedEvac-Bereich über eine eigene Apotheke, die sich um die Bevorratung der vielen Medikamente und Verbandstoffe kümmert, sowie die Einhaltung der Haltbarkeitsdaten sicherstellt. Für alle Mitarbeiter des Bereichs ist Flexibilität besonders wichtig, da man sich im Einsatz nicht selten auf sehr dynamische Situationen einstellen können muss.

Mit MedEvac auf dem A400M verfügt die Luftwaffe über eine sehr wertvolle Ressource. Ein Flugzeug befindet sich immer in einer 12-Stunden-Bereitschaft.

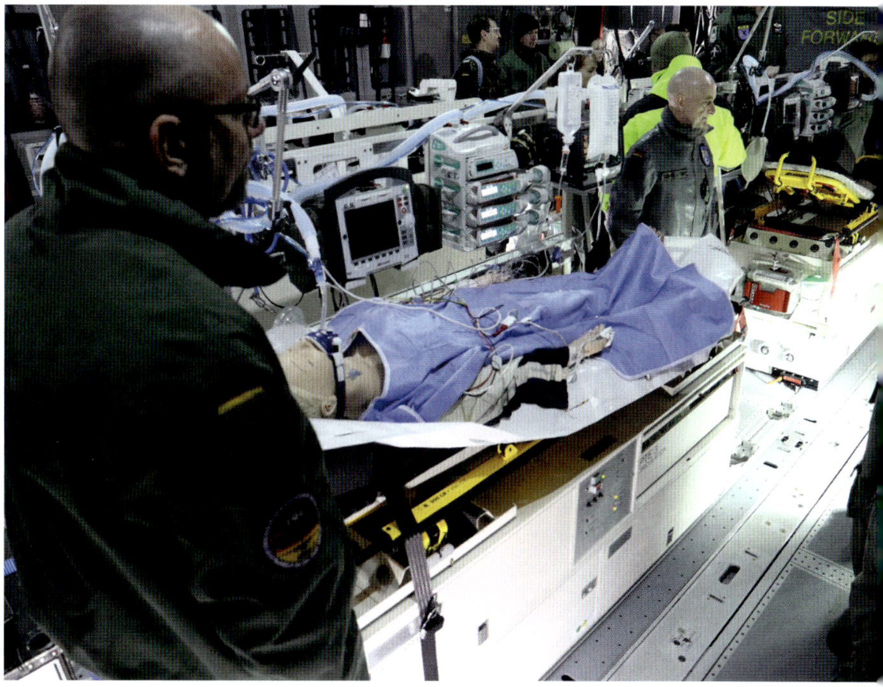

Luftwaffe

Bis Ende 2025 wurden über 100 Einsätze absolviert und dabei über 200 Patienten intensivmedizinisch versorgt und transportiert. Zielorte waren z.B. Mazar-e Sharif, Niamey, Gao, Al-Azraq, Bagdad, Dschibuti und Vilnius. Insbesondere im Rahmen von Covid-19 wurde häufig geflogen, da erkrankte Soldaten nach Hause und in Quarantäne gebracht werden sollten.

Aktuell wird eine Modernisierung der Ausrüstung vorbereitet. Die derzeitigen PTEs sollen durch das neue und sehr moderne System PTE NG (auch PTU, Passanger Transport Unit, genannt) ersetzt werden. Es ist eine gemeinsame Entwicklung der Lufthansa Technik mit der Schweizer Firma Aerolite und kommt schon bei den A321LR der Flugbereitschaft BMVg zum Einsatz. Darüber hinaus evaluiert das LTG 62 derzeit die mögliche Einführung der modularen Palettenlösung »Multibase« der Firma Autoflug. Mit Hilfe dieser Rahmen-Palletten, die schon mit dem Equipment vorbereitet sein können, ist die Ausrüstung der A400M noch flexibler und deutlich schneller möglich.

Tūhono Rangi 2025

Am Morgen des 30. Oktober 2025 startete für das Lufttransportgeschwader 62 die bis dahin außergewöhnlichste und anspruchsvolle Übung Tūhono Rangi 2025. Zunächst zwei A400M verlegten dabei von Wunstorf über eine rund 20.000 km langen Strecke über die Azoren, die USA via Charleston, Oakland, Honolulu und Fidschi nach Neuseeland, um dort intensive Trainingsmissionen zusammen mit der neuseeländischen Luftwaffe (RNZAF) in taktischer Ausrichtung durchzuführen. Die Vorbereitungen hatten schon Monate zuvor innerhalb eines Kernteams bestehend aus acht Geschwader-Angehörigen aus verschiedenen Bereichen des Verbandes begonnen. »Tuhono Rangi« ist maorisch und bedeutet so viel wie verbundener Himmel. Insgesamt 50 Personen umfasste das Personal der Übung, der größere Teil flog allerdings etwas später mit einem militärischen Passagierflugzeug nach Neuseeland. Die Verlegung der beiden A400M mit den Kennungen 54+12 und 54+35 bis zur Ankunft in Ohakea auf der Nordinsel inklusive einem Tag Flugpause auf Hawaii dauerte allerdings bis zum 6. November. Dort wurden die Wunstorfer, angeführt vom Kommodore des Verbandes, Oberst Markus Knoll, sehr herzlich von ihren Gastgebern empfangen. Einen Tag später trafen der Rest der Übungsteilnehmer an Bord eines A330 MRTT ein und es ging gemeinsam sofort weiter zum endgültigen Standort der Verlegung, Woodbourne Airbase auf der Südinsel. Dort waren zwischenzeitlich vom Vorkommando, bestehend aus zwei Soldaten und einer Soldatin, schon wertvolle Vorbereitungen getroffen worden. Unverzüglich begannen die intensiven Arbeiten, inklusive am Sonntag, 9. November, um am Montag darauf den Übungsbetrieb aufnehmen zu können. Dies beinhaltete natürlich Wartungsarbeiten an den beiden A400M in einer zur Verfügung gestellten Halle, Flugvorbereitungen der Crews für den Folgetag, Einweisung der neuseeländischen Partner im A400M usw. Das fliegerische Trainingsprogramm war durch zwei erfahrene Fluglehrer schon lange zuvor zusammengestellt und in ein Drehbuch gegossen worden, das den Ablauf der Übungsmissionen detailliert beschrieb und die Anforderungen an die Crew stetig steigerte.

Am Montag, den 10. November um 10 Uhr morgens, hoben die beiden A400M dann erstmals zu einer taktischen Übungsmission ab. Drei Stunden Tiefflug über der Nordinsel, teilweise in enger Formation und mit Zwischenlandung auf einem unbekannten Flugplatz, standen auf dem Plan. Dieser erste Einsatz war dabei aber nur ein »familiarisation flight«, um sich an die diversen speziellen Gegebenheiten in Neuseeland zu gewöhnen. Durch die niedrige Population im Land der Kiwis, ca. fünf Mio. Menschen, bestehen große unbesiedelte Gebiete, die sich ideal für Übungsvorhaben dieser Art eignen. Am zweiten Tag stand erstmal das Absetzen neuseeländischer Fallschirmspringer aus einem A400M an. Es wurde in eng getakteten Tagen Vormittag- und Nachmittags geflogen. Hauptziel der Übung war es den Crewmitgliedern, also auch den Technischen Ladungsmeistern, sogenannte taktische Labels, also erfolgreich absolvierte Trainingsnachweise bestimmter Einsatzverfahren, ausstellen zu können.

Mitte der ersten Woche wurde als Handlungsrahmen eine sogenannte Lage in das Übungsszenario eingebaut, diese war durch die RNZAF erarbeitet worden. Ausgangspunkt war die fiktive Situation, dass Neuseeland Unterstützung durch Deutschland und konkret durch A400M des LTG 62 gebeten hatte. Nun galt es bei diversen Einsätzen vor Ort zu unterstützen, allerdings ohne, dass sich die Übungsteilnehmer länger darauf vorbereiten konnten. Es ging darum sich sehr kurzfristig auf neue Situationen einzustellen. Von Tag zu Tag stand nun eine weite Palette unterschiedlicher Aufgaben auf dem Programm, vom Absetzen verschiedener Lasten in unterschiedlichen Umgebungen, Absetzen von Fallschirmjägern, improvisierte Rettungsmissionen mit Landungen auf unbefestigten Pisten und Tiefflug mit Anwendung von Verteidigungsmaßnahmen.

Auch die Öffentlichkeitsarbeit kam nicht kurz. Zum einen im Rahmen eines Medientages, den alle großen Zeitungen, Radiosender und der einzige große TV-Sender des Landes in Anspruch nahmen und ausführlich wie positiv berichtete und zum anderen in Form eines Visitorsday auf der Woodbourne Base. Bei letzterem besuchten mehrere 100 Interessierte das deutsche Kontingent und informierten sich vor Ort insbesondere natürlich über den modernen Militärtransporter. In der Hauptstadt Neuseelands, Wellington, wurden zusätzliche mehrerer VIPs, darunter auch die deutsche Botschafterin des Inselstaats, Frau Nicole Menzenbach, mit dem A400M abgeholt. Der Chief of Air Force RNZAF, Air Vice-Marshal Darryn Webb, besuchte ebenso die Veranstaltung, die durch einen binationalen Abend abgerundet wurde.

Luftwaffe/Büdenbender

Ankunft in Neuseeland nach sehr langer Anreise.

Luftwaffe/Sascha Knoll

Der Vorteil von Transportern: Bei Übungen kann benötigtes Material direkt mitgenommen werden.

Luftwaffe/Martin Buschhorn

Mit zwei A400M führte das LTG 62 Tūhono Rangi 2025 durch. Eine Maschine wurde geplant abgetauscht.

Luftwaffe/Martin Buschhorn

Die Teilnehmenden erhielten ein spezielles und begehrtes Übungs-Patch.

Luftwaffe/Martin Buschhorn

Natürlich wurde die Übung auch genutzt, um neuseeländisches Militärgerät zu verladen und zu transportieren. Der großzügige A400M bietet dafür viel Platz.

Diverse Einsätze wurden gemeinsam mit der RNZAF durchgeführt, teilweise mit Personal in den deutschen A400M. Die RNZAF verfügt über fünf relativ neue C-130J-30 Hercules.

Luftwaffe/Martin Buschhorn

Luftwaffe/Sascha Knoll

Insbesondere taktische Übungsmissionen standen auf dem Einsatzplan der Hochwertübung von und für das LTG 62 mit seinen A400M.

Luftwaffe/Sascha Knoll

Gruppenbild des deutschen Kommandos mit den neuseeländischen Gastgebern. Die Übung war für beide Seiten ein voller Erfolg.

In der zweiten Trainingswoche fand dann ein geplanter Flugzeugtausch statt, die 54+09 flog auf derselben Route wie das Hauptkontigent nach Woodbourne und brachte zusätzliches Material mit. Tags darauf verlegte die 54+35 mit nicht mehr benötigtem Material zurück nach Deutschland.

Zum Ende hin dominierte das Üben der diversen Absetzverfahren, bei denen insbesondere die Technischen Ladungsmeister gefordert waren. Beim A400M echte Allrounder, da die Position nicht nur alle Belade- und Entladevorgänge im Flugzeug verantwortet, sondern auch technische Aufgaben rund um das Luftfahrzeug wahrnimmt. Der letzte Trainingstag bestand dann nochmal aus einem besonderen Highlight der taktischen Fliegerei, einem ausgedehnten Formations-Tiefflug über der Südinsel. Hierbei wurden besondere Geländegegebenheiten, Schluchten und Täler, ausgenutzt, um sich möglichst wenig feindlichem Beschuss auszusetzen. Bei dieser Mission gab es, wie schon zuvor, eine Kooperation im Cockpit, denn erfahrenen Piloten der RNZAF waren mit an Bord des A400M, um die deutschen Luftfahrzeugführern im unbekannten Luftraum zu unterstützen. Es stand auch wieder eine Landung auf einem sehr kleinen Flugplatz mit anschließendem »turnaround« und erneutem Start auf dem Plan. Mit diesem Einsatz wurde die Übung erfolgreich abgeschlossen und tags drauf begannen die Vorbereitungen für die Rückverlegung. Zunächst transportierten die A400M Material und Übungsteilnehmer der RNZAF wieder nach Ohakea auf der Nordinsel. Das deutsche Kontingent flog dann in den folgenden Tagen via Australien (Brisbane und Darvin), Malaysia (Kuala Lumpur), den Malediven (Male), Dubai, Griechenland (Athen) zurück ins heimische Wunstorf, wo man am 1. Dezember eintraf. Im Rahmen der Übung wurden rund 120.000 km zurückgelegt und ca. 250 Flugstunden absolviert. Hierbei erwies sich der A400M als sehr zuverlässig, es konnte ein nahezu hundertprozentiger Klarstand durch die Techniker des Verbandes erreicht werden.

Mit Tūhono Rangi 2025, der Hochwertübung von und für den Verband, demonstrierte das LTG 62 sehr erfolgreich seine Fähigkeit eine Verlegung bis »ans andere Ende der Welt« durchzuführen und dort unverzüglich anspruchsvolle Missionen im kompletten taktischen Spektrum durchzuführen zu können.

Luftwaffe/Sascha Knoll

Die im Vergleich zu Europa ungewöhnliche Topographie Neuseelands war beeindruckend. Sie ermöglichte aber auch besonders herausfordernde Tiefflug-Einsätze.

Interview mit dem Kommodore des LTG 62 Oberst Markus Knoll

»Wir sind bei 95 Prozent«

Luftwaffe/Knoll

Oberst Markus Knoll, Kommodore des LTG 62.

» Herr Oberst Knoll, herzlichen Glückwunsch zur gerade beendeten, sehr erfolgreichen Übung »Tūhono Rangi `25«. Wie zufrieden sind Sie mit dem Ablauf, wie gestalteten sich die Vorbereitungen, was stand auf dem Trainingsplan, wie zuverlässig zeigte sich der A400M und wie fällt insgesamt ihr Resümee aus?

Die Übung war aus meiner Sicht ein voller Erfolg. Dieses weit entfernte Ziel ergab sich durch vorangegangene Übungen im Indopazifik, bei denen das LTG 62 bereits in 2024 beteiligt war. Die sehr gute Zusammenarbeit mit der Luftwaffe Neuseelands ließ den Plan reifen, eine reine Übung für das LTG 62 »von uns für uns« zu organisieren. Die außergewöhnlichen Trainingsmöglichkeiten mit großen Übungsräumen und der anspruchsvollen Topographie waren ideal geeignet, insbesondere das taktische Potential des A400M auszuschöpfen.

Die Vorbereitungen starteten Monate zuvor innerhalb eines Kernteams bestehend aus acht Geschwader-Angehörigen aus verschiedenen Bereichen des Verbandes. Zwei erfahrene Fluglehrer erstellten z.B. ein detailliertes Drehbuch, das den Ablauf der Übungsmissionen beschrieb und die Anforderungen an die Crew stetig steigerte. Insgesamt 50 Teilnehmer waren vorgesehen.

Wir hatten über die gesamte Dauer hinweg bei den eingesetzten drei Maschinen nur einen kurzen Ausfall aufgrund der Technik. Das Waffensystem A400M erwies sich als insgesamt extrem zuverlässig. Es wurden Formationsflüge, Tiefflüge, das Absetzen von Fallschirmjägern und Lasten trainiert. Auch das Operieren auf unbefestigten Pisten stand auf dem Programm. Über 30 taktische Labels, also erfolgreiche Trainingsnachweise bestimmter Verfahren, konnten von den Crews, Piloten und Technische Ladungsmeister, erreicht werden.

Die Unterstützung der RNZAF, die mit insgesamt 2500 Soldatinnen und Soldaten nicht wesentlich größer ist als das LTG 62, war äußerst professionell, absolut vielseitig und herzlich. Auch die neuseeländische Öffentlichkeit und die Medien zeigten sich an den deutschen Besuchern sehr interessiert und berichteten landesweit ausführlich. Insgesamt war Tūhono Rangi `25 eine qualitativ sehr hochwertige Möglichkeit der Aus- und Weiterbildung unserer fliegenden Besatzungen. Die Übung zeigte anschaulich, dass wenn eine Verlegung nach Neuseeland derart reibungslos möglich ist, jeder andere Ort der Welt durch das LTG 62 problemlos erreicht werden kann. Neben den wertvollen taktischen Einsätzen mit dem A400M sind viele Freundschaften entstanden. Eine konkrete Nachfolgeübung ist aktuell nicht geplant, allerdings wird der Verband im Jahr 2026 ein weiteres Mal die Übung Pitch Black unterstützen und somit in der Region präsent sein.

Wie schätzen Sie den aktuellen Leistungsstand des A400M ein, wie zufrieden sind Sie mit dem Waffensystem, welche Einschränkungen bestehen aktuell noch?

Mit dem erreichten Leistungsspektrum des Flugzeuges bin ich insgesamt sehr zufrieden. Der A400M verfügt über beeindruckende Leistungsdaten insbesondere hinsichtlich Reichweite, Ladekapazität und Geschwindigkeit. Er verfügt über ein sehr gutes Selbstschutzsystem, das nun mit der ersten DIRCM-Maschine nochmal deutlich aufgewertet wird, hat Datalinkfähigkeit, eine leistungsfähiges Flight Management System und ist insgesamt sehr zuverlässig im Betrieb. So gut wie die komplette Palette der Fähigkeiten steht mittlerweile zur Verfügung. Zum Beispiel alle Absetzverfahren, Tiefflug bei Nacht, Landung auf Behelfspisten, Verladung und Transport besonders großer Lasten (z.B. Schützenpanzer Puma), Betankung von Flächenflugzeugen usw. Wir sind sicher bei 95 Prozent. Was noch fehlt ist das Betanken von Hubschraubern. Die 51. Maschine wird diese Möglichkeit mit den entsprechenden Behältern erstmal zur Verfügung stellen. In 2026 beginnt die Zulassung dieses Verfahrens.

Natürlich gibt es aktuell noch Einschränkungen. Die Ersatzteillage ist noch nicht so, wie ich sie mir wünschen würden. Wir arbeiten mit der Industrie aber intensiv an pragmatischen Lösungen. Das größte Bottleneck besteht aber sicher auf der Personalseite. Durch die lange Qualifizierungsdauer z.B. von technischem Personal fehlen nicht selten Kapazitäten in diesem Bereich. An dieser Stelle wird aktuell durch die Industrie unterstützt. Wir haben glücklicherweise 200 zusätzliche Dienstposten für das LTG 62 bewilligt bekommen, so dass mittelfristig eine deutliche Verbesserung der Situation zu erwarten ist.

Was steht im Jahr 2026 im Fokus der Ausbildung? Was wünschen Sie sich für die Zukunft?

Wir sind mittlerweile in der Lage das Training im Bereich der taktischen Missionen, wie zum Beispiel Tiefflug bei Nacht, deutlich mehr zu gewichten, als dies in den Jahren zuvor möglich war. Dies ist aufgrund der aktuellen Sicherheitslage allerdings auch dringend erforderlich. Ich möchte dies in Zukunft noch weiter intensivieren und in die Fläche bringen. Angedacht sind auch Ausbildungs-Blockwochen, in deren Rahmen wir Unterstützung z.B. vom Heer in Anspruch nehmen wollen. Damit wären wir Bedarfsträger, normalerweise ist es ja anderes herum.

Wenn ich mir etwas wünschen dürfte, so wären es einen größeren Anteil der A400M-Flotte in taktischer Konfiguration sowie eine weitere Steigerung des Klarstandes.

Zurückblickend was waren Ihrer Meinung nach die größten Herausforderungen für den A400M und den Verband in den letzten Jahren?

Dies war neben den Evakuierungsmissionen in Kabul und im Sudan sicher der Gaza-Airdrop, der binnen kürzester Zeit organisiert werden musste. Es gab nämlich zu diesem Zeitpunkt noch kein CDS-Lastenabwurfsystem (Container Delivery System). Dieses musste innerhalb einer Woche in enger Zusammenarbeit mit der TTVG und der WTD 61 realisiert werden. Die Einsätze selbst waren dann sehr herausfordern und bedeuteten eine hohe psychische Belastung für die Crews. Doch es hat sich gelohnt, wir waren erfolgreich und konnten ein wenig helfen, die Versorgungssituation zu verbessern. Es zeigte sich einmal mehr, wenn es drauf ankommt, sind wir zur Stelle!

Herr Oberst Knoll, herzlichen Dank für das Interview! «

Das OT&E-Team des LTG 62

Das OT&E-Team (Operational Test & Evaluation, auch TTVG, Taktik, Technik und Verfahrensgruppe genannt) ist eine kleine, aber feine Teileinheit des Verbandes, die sich sehr intensiv mit den Einsatzfähigkeiten des A400M beschäftigt. Das Team besteht nur aus acht Personen, zwei Besatzungen inklusive Technischem Ladungsmeister sowie zwei technischen Spezialisten und begleitet das Programm aktiv seit 2015. Im Fokus der Tätigkeit steht es die einzelnen Fähigkeiten des A400M im Flugbetrieb zu erproben und schließlich für den Einsatz im Geschwader freizugeben. Dafür werden im Vorfeld detaillierte Testkarten erstellt, die dann im Flug abgearbeitet werden. Nach dem Einsatz erfolgt die entsprechende Einschätzung und der ausführliche Report. Um dieses Verfahren standardisiert durchzuführen zu können, besuchen die Teammitglieder auch entsprechende Lehrgänge bei Testpilotenschulen. Aufwändige und komplexe Tests, wie zum Beispiel das Abwerfen von Lasten über 12.000 Fuß, werden in Zusammenarbeit mit der Wehrtechnischen Dienststelle 61, im Rahmen längerer Kampagnen auf geeigneten Testgeländen durchgeführt.

Nach der Übergabe des ersten A400M Ende 2014 erfolgte zunächst die »Einsatzprüfung Erstbefähigung«, die vor allem rein logistische Flugprofile betraf. In den Folgejahren wurden weitere diverse Fähigkeiten erprobt und zugelassen, sie waren von 2016 bis 2023 in den sogenannten »Einsatzprüfungen Folgebefähigung« 1 bis 5 zusammengefasst. Anfänglich waren dies z.B. das Absetzen von freifallenden Fallschirmspringern, Luftbetankung von Kampfflugzeugen, Tiefflug mit Nachtsichtgerät und eine Interims-MedEvac-Befähigung. Später dann Landung auf unbefestigten Pisten, Absetzen von Fallschirmspringern mit einer Static Line, Absetzen von Lasten mittels CDS und Nutzung des Selbstverteidigungssystems DASS. Kürzlich kamen dann die Nutzung von Sitzpaletten, des Krans im Heck der Maschine, das Absetzen von Fallschirmspringern in großer Höhe (25.000 Fuß) und das Betanken von Großraumflugzeugen mittels eines im Laderaum platziertem Kraftstofftanks (HDU, Hose Drum Unit) hinzu. Mittlerweile befindet man sich in der finalen Phase der »Einsatzprüfungen Zielbefähigung«. Diese beinhaltet z.B. den »Mixed Airdrop« (Fallschirmspringer plus Material), die Betankung von Hubschraubern, die Zulassung von modernen und palettierten MedEvac-Geräten sowie das laserbasierte DIRCM-Selbstverteidigungssystem.

Das OT&E-Team hat aber noch diverse weitere Aufgaben: Dazu gehört die Durchführung von funktionalen Checkflügen nach bestimmten Instandhaltungsmaßnahmen die z.B. eine angepasste Software betreffen. Die

Luftwaffe

Das OT&E-Team überprüft die Fähigkeiten des A400M hinsichtlich der eigenen Anforderungen und gibt sie für den Einsatz im Geschwader frei. Dazu gehörte unter anderem das Absetzen von sogenannten Freifallern.

Crews der OT&E sind auch die einzigen, die Starts mit nur drei Motoren unternehmen dürfen. Darüber hinaus sind sie ab- und an bei sogenannten Customer Acceptance Flight vor Übernahme eines neuen Flugzeuges von Airbus eingebunden und fliegen die Maschine nach dem Halterübergang von Sevilla nach Wunstorf.

Ein zentraler Tätigkeitsbestandteil ist das Erstellen von Handbüchern für taktische Verfahren, sogenannte TOMs (Tactical Operational Manual). Diese Anweisungen ermöglichen den Crews die Anwendung erprobter, standardisierter und damit sicherer Abläufe. In diesem Zusammenhang schulen die OT&E-Crews taktische Fluglehrer des Verbandes, die ihr Wissen dann weitergeben.

Auch große Kampffahrzeuge können vom A400M transportiert werden. Zunächst überprüft das Team die Beladung und erstellt einen Belade- und Verzurr-Plan. Hier ein GTK Boxer.

Luftwaffe/Schmidt

Besonders intensiv und langwierig war es, die diversen Einsatzmuster der NATO-Partner hinsichtlich Luft-Luft-Betankung für den A400M freizugeben. Entsprechende Flüge fanden u.a. auch in den USA statt und umfassten z.B. Hornets der USN.

Luftwaffe

Luftwaffe/Boenke

Ein weiteres Verfahren, das geprüft und freigeben werden musste: Die Entladung mittels Masseträgheit bei offener Klappe und beschleunigendem Flugzeug. Es kann zum Tragen kommen, wenn keine Entlade-Fahrzeuge zur Verfügung stehen, bzw. sehr schnell noch auf der Startbahn gehandelt werden muss.

Eine wichtige Aufgabe der Technischen Ladeungsmeister ist es das »Cargo Load Clearing« vorzunehmen. Hierbei geht es darum bei neuen, speziellen Lasten (wie z.B. bei dem in 2025 getesteten Schützenpanzer Puma) Be- und Entladung zu prüfen und einen Verzurrplan zu erstellen, der Positionen und genauen Punkte der Arretierung im Luftfahrzeug vorgibt. Die Teileinheit hat aber nicht nur das Waffensystem selbst, sondern auch die Systeme drumherum im Blick, seien es spezielle Werkzeuge oder sogar Schleppfahrzeuge für das Vorfeld.

Weiterhin sind die Spezialisten in diversen Arbeitsgruppen (Panels) des Flugzeugherstellers vertreten, wie z.B. »Cockpit«, »Laderaum«, in denen die Anwender mit Airbus Neuerungen besprechen sowie mögliche Verbesserungen thematisieren und in die Wege leiten. Als Beispiel dient hier die zunächst bestehende Limitierung mit dem A400M maximal zwei Minuten rückwärts zu rollen. Dieser Wert ist für taktische Einsätze auf einem Flugfeld nicht ausreichend, nach diversen Überprüfungen konnte diese Beschränkung mittlerweile auf fünf Minuten erhöht werden. Ein weiteres größeres Thema, bei dem die Wunstorfer auch sehr aktiv mitarbeiten, ist es, diverse Lastlimitierungen zu erhöhen, um das Potential des Luftfahrzeugs insgesamt noch besser auszunutzen.

Aktuell anstehende Vorhaben umfassen die Erprobung eines 3D Tiefflugs bei Nacht in 500 Fuß Höhe, der mithilfe einer erweiterten Software nun bei neueren Maschinen zur Verfügung steht. Hierbei werden zuerst Flüge bei Tag durchgeführt und u.a. überprüft, ob die Datenbanken alle mögliche Hindernisse abbilden. Weiterhin steht die Betankung von Hubschraubern und die weitere Erprobung von DIRCM auf dem Plan für 2026. Darüber hinaus richtet man den Blick auf die Einführung neuer Helmsysteme mit Nachtsichtfähigkeit. Die derzeit in Nutzung befindlichen sind veraltet und entstammen den Jets der Luftwaffe.

Luftwaffe/Christian Timmig

Nachtbetankung am Großtanker.

Luftwaffe

Auch das Verfahren zur Luftbetankung von A400M zu A400M musste evaluiert und für den Einsatz freigegeben werden.

Luftwaffe

Luftwaffe/Mohrdieck

Mittlerweile sind die meisten Fähigkeiten des A400M im Betrieb bei der Luftwaffe zugelassen. Dazu gehört auch das Absetzen von Fallschirmspringern und Lasten während eines Anflugs (»mixed drop«).

Auch das Abspringen unter Sauerstoff aus großer Höhen wurde mittlerweile in das Repertoire aufgenommen.

Luftbetankung im A400M

Der A400M wird bei der Luftwaffe so vielseitig eingesetzt wie sonst bei keinem Betreiber. Ein ganz wesentlicher Bestandteil des Einsatzspektrums ist die Luftbetankung anderer Luftfahrzeuge. Das Muster eignet es sich hierfür ideal, es verfügt über eine hohe Abgabekapazität und kann ein recht großes Geschwindigkeits- und Höhenband abdecken, um Kampfflugzeugen genauso wie Transportern oder Hubschraubern gerecht zu werden. Schon früh begann man beim LTG 62 durch entsprechende Praxistests Einsatzmuster für die Betankung am A400M freizugeben. Natürlich standen hierbei zunächst der Eurofighter und der Tornado im Fokus.

Das LTG 62 setzt die mit AAR (Air-Air Refueling) bezeichnete Rolle mittlerweile sehr regelmäßig ein. Insbesondere die Jet-Verbände der Luftwaffe profitieren davon benötigen sie doch regelmäßige Trainingsmöglichkeiten für dieses im Einsatz sehr relevante Verfahren. Früher musste dies aufwendig und teuer z.B. bei der USAF organisiert werden, heute steht es selbst zur Verfügung.

Die entsprechende Schulung der Besatzungen ist recht kurz, es gilt einen einwöchigen Lehrgang im Simulator zu absolvieren. Anschließend folgen noch eins- bis zwei Realflüge und die Abnahme durch einen Lehrer.

Betankungswünsche der Kampfverbände werden von einer zentralen Stelle aufgenommen und an das LTG 62 weitergereicht, hier erfolgt die Bewertung hinsicht-

Ein A400M ist für einen Betankungsflug vorbereitet. Beidseitig an den Flügeln befindet sich ein AAR-Behälter. Alle Maschinen der Luftwaffe können diese Konfiguration einnehmen.

Frank Vetter

lich der zur Verfügung stehenden Kapazitäten. Sollte alles passen wird die Mission eingeplant und vorbereitet. In Deutschland stehen derzeit ca. 15 definierte, reservierbare Lufträume zur Verfügung, die genutzt werden können. Im sogenannten Tanker-Track, ein Oval mit ca. 55km Ausdehnung, findet die Betankung in einem festgelegten Zeitfenster statt. Der A400M-Tanker ist normalerweise vor den Empfängern vor Ort und meldet sich bei einer militärischen Kontrollstelle (Control and Reporting Center, CRC) an, die den Vorgang überwachen wird. Sie koordiniert auch die Kampfflugzeuge und informiert über deren Status und Position. Die Besatzung des A400M, inklusive des Technischen Ladungsmeisters, haben sich mittlerweile intensiv auf das Rendezvous vorbereitet. Schon vor der Annäherung werden die Tankschläuche der AAR-Pods ausgefahren, sie sind 25 m lang, die Trichter öffnen sich im Luftstrom. Die Betankung selbst folgt einem festgelegten Verfahren. Nach der Anmeldung beim Tanker sammeln sich die Kampfflugzeuge auf der linken Seite des A400M. Von dort aus lassen sie sich zurückfallen und nähern sich nun mit ausgefahrener Tanksonde dem Tankstutzen. Beide Seiten können auch gleichzeitig verwendet werden. Nach beendeter Betankung wechselt der Empfänger auf die rechte Seite der A400M. Anschließend wird er vom »Pilot Flying« im A400M 1000 Fuß tiefer geschickt. Von dort erfolgt dann die Trennung der Formationen in Absprache mit der Bodenkontrolle.

Die Piloten im Cockpit des A400M teilen sich die Arbeit, einer fliegt das Flugzeug überwiegend von Hand, der andere steht permanent mit den Empfängern und der Kontrollstelle in Kontakt. Der Technische Landungsmeister kann vom Cockpit aber auch von seinem Arbeitsplatz im Laderaum das Verfahren ebenfalls verfolgen und mit überwachen. Kameras ermöglichen die Darstellung des Vorgangs. Bei Kampfflugzeugen findet die Betankung normalerweise auf 18.000 oder 20.000 Fuß (5400 bis 6000 m) statt, die Geschwindigkeit beträgt typischerweise 270 Knoten (ca. 500 km/h). Während des Vorgangs können bis zu 1500 kg Kerosin pro Minute abgegeben werden, die gewünschte Menge wird im Flight Management Systems des Flugzeuges eingestellt und erfolgt dann automatisch. Natürlich kann jederzeit manuell eingegriffen werden. Für die Betankung besteht im A400M kein separater Tank, es wird das interne Kerosin genutzt. Theoretisch kann so viel abgegeben werden, wie nicht selbst für den Flugauftrag benötigt wird. Insgesamt kann der A400M bis zu 50 Tonnen (rund 63.500 Liter) Sprit mitführen.

Das seit kurzem zur Verfügung stehende Betankungsverfahren mittels der im Frachtraum eingebauten »Centerline Hose Drum Unit«

Auf dem Weg in den vorgesehenen Luftraum. Die Crew geht nochmal alle Details konzentriert durch.

Frank Vetter

Der Technische Ladungsmeister kann den Vorgang von seinem Arbeitsplatz aus verfolgen.

Frank Vetter

Frank Vetter

Bevor die Kampfflugzeuge eintreffen, werden die Schläuche ausgefahren. Am Behälter selbst befindet sich zusätzlich eine Ampel, hier noch »rot« geschaltet.

Frank Vetter

Der Kontakt steht kurz bevor.

Betankung eines Eurofighters auf der rechten Seite. Der Schlauch befindet sich ca. 4 m unterhalb des Heck-Konus des A400M.

Frank Vetter

Frank Vetter

Auch in den 180°-Kurven wird die Betankung fortgesetzt. Ein Tornado des TaktLwG 33 aus Büchel ist hier Kunde.

ermöglicht die Betankung anderer Transportflugzeuge. Um den höheren Bedarf von Sprit abdecken zu können, sind bis zu zwei jeweils 7200 Liter fassende Zusatztanks einbaubar. Die HDU, wie die AAR-Pods am Flügel von der britischen Firma Cobham stammend, kann bis zu 1800 kg (ca. 2100 Liter) pro Minute abgeben. Die Zertifizierung der Betankung eines A400M ist schon erfolgt und somit ist das LTG 62 in der Lage seine Flugzeuge in Eigenregie zu betanken. Mitte 2026 konnte diese Fähigkeit eindrucksvoll im Rahmen eines extremen Langstreckenflugs nachgewiesen werden. Hierbei verlegte ein A400M rund 12.500 km nonstop von Wunstorf nach Oahu, Hawaii und wurde dabei zweimal von eigenen A400M mit eingebauter HDU versorgt.

Als finaler Schritt erfolgt nun die Zulassung der Luftbetankung an Hubschraubern. Dieses Verfahren erfolgt bei deutlich niedrigeren Geschwindigkeiten und Höhen. Es nutzt ebenfalls die flügelmontierten AAR-Pods von Cobham, allerdings mit längeren Schläuchen und größeren Körben. Da der Durchmesser der Schläuche reduziert werden musste, um im gleichbleibenden Behälter eine längere Schlauchlänge zu ermöglichen, ist die Durchflussmenge etwas reduziert. Die letzten ausgelieferten A400M an das LTG 62 verfügten über diese Behälter, spätestens mit Einführung der CH-47F bei der Luftwaffe wird dieses Verfahren Anwendung finden und das große Fähigkeitsspektrum des A400M abrunden.

Nach der Betankung werden die Empfänger auf die rechte Seite neben den Tanker geschickt.

Frank Vetter

Ein A400M mit fest eingebauter Centerline Hose Drum Unit (HDU).

Frank Vetter

Luftwaffe/Simon Otte

Mittlerweile ist auch die Betankung anderer A400M mittels HDU freigegeben.

Luftwaffe/Jasmin Schlegel

Der für das HDU-Betankungsverfahren eingebaute Zusatztank im hinteren Bereich des Flugzeugs mit den rechts verbauten Versorgungsrohren.

Hilfseinsatz in Venezuela

Nach einem sehr schweren Erdbeben am 24. Juni 2026 in Venezuela lief internationale Hilfe sehr schnell an, auch Deutschland beteiligte sich daran. So kündige Verteidigungsminister Boris Pistorius am 25. Juni die Entsendung von sechs A400M in das Katastrophengebiet an, um humanitäre Hilfe zu leisten und ggf. Transportaufgaben innerhalb Venezuelas zu übernehmen. Der Einsatz wurde auf zwei Wochen ausgelegt. Schon einen Tag später starteten vier A400M in Wunstorf. Drei davon transportierten Mitglieder von Hilfsorganisationen, insbesondere vom THW mit Spürhunden und wichtigen Gütern, insgesamt 28,5 Tonnen und einer in MedEvac-Konfiguration, inklusive zehn Ärzte, in Richtung Südamerika. Auf den Azoren wurde ein kurzer Zwischenstopp eingelegt. Dann ging es weiter nach Caracas, wo man in der Nacht zum 27. Juni ankam. Nach Entladen der Helfer und der Fracht verlegten die A400M vorübergehend auf die nur wenige Kilometer vor dem venezolanischen Festland gelegene Insel Aruba. Während drei A400M einen Tag später den Heimflug antraten, blieb die MedEvac-Maschine in Aruba. Am 28. Juni traf eine weitere Maschine aus Wunstorf ein, sie hatte Hilfsgüter und Personal der Maltester an Bord.

In den folgenden Tagen fanden weitere Flüge von Wunstorf aus statt, mit weiterem Personal und Material der Malteser und auch der Johanniter. Am 1. Juli begann allerdings schon wieder die Rückführung der Maschinen und am 3. Juli, nach einer Woche, endet der kurze, aber sehr intensive Hilfseinsatz mit Ankunft der letzten Maschine. Alle Helfer trafen wieder wohlbehalten in Wunstorf ein. Insgesamt wurden 58 Flüge absolviert (sowohl aus Deutschland oder von Aruba nach Venezuela) und dabei 110 Tonnen Fracht, 308 Hilfskräfte und 24 Rettungshunde transportiert. Das LTG 62 setzte 128 Soldatinnen und Soldaten ein. Insgesamt absolvierte man 266 Flugstunden.

Einmal mehr demonstrierte das LTG 62 eindrucksvoll, dass mit ihrem motivierten und gut ausgebildeten Team und mithilfe des leistungsfähigen Transportflugzeugs A400M binnen sehr kurzer Zeit und über große Distanzen hinweg wertvolle Hilfe möglich ist.

Abflug nach Südamerika am 26. Juni 2026.

Luftwaffe/Jasmin Schlegel

Luftwaffe/Tessensohn

Ankunft des Hilfsteams in Caracas.

Luftwaffe/Tessensohn

In kürzester Zeit konnte durch das LTG 62 und seinen A400M Hilfe nach Venezuela verbracht werden.

Luftwaffe/Tessensohn

Helfer des THW mit Spürhunden.

Luftwaffe/Tessensohn

Auch Material war Teil des Transports nach Venezuela.

Das LTG 62 ist nicht zuletzt aufgrund des A400M der vielseitigste Einsatzverband der Luftwaffe.

Luftwaffe/Simon Wiesmann

Die Ausbildungsgruppe A400M

Technische Ausbildung am A400M

Das Verbandswappen des TAusbZLw

Eine ausreichend große Anzahl von Technikern ausgestattet mit entsprechenden Qualifikationen ist der entscheidende Faktor hinsichtlich einer einsatzbereiten A400M-Flotte mit hoher Verfügbarkeit. Die Ausbildungsgruppe A400M in Wunstorf stellt genau dieses wichtige Ziel sicher. Die Einheit gehört zum in Faßberg ansässigen Technischen Ausbildungszentrum der Luftwaffe (TAusbZLw). Das Technische Ausbildungszentrum der Luftwaffe ist das Kompetenzzentrum für die technisch-logistische Ausbildung an den fliegenden Waffensystemen der Bundeswehr. Es entstand Ende 2013 aus den beiden Technischen Schulen der Luftwaffe, TSLw1 in Faßberg und TSLw2 in Kaufbeuren. Das Technischen Ausbildungszentrum der Luftwaffe gliedert sich in eine Abteilung Nord, ebenfalls in Faßberg und Süd in Kaufbeuren.

Schon früh stand fest, dass die Technikerschulung vor Ort in Wunstorf erfolgen sollte, denn auch schon zu Zeiten der Transall hatte ein Teil der Ausbildung der TSLw in Wunstorf stattgefunden. Der A400M unterscheidet sich nicht nur technisch stark von seinem Vorgängermuster, sondern es gelten im Umgang mit dem Waffensystem gänzlich neue Anforderungen hinsichtlich nötiger Qualifikationen und Anforderungen an die Techniker, entsprechend galt es den Ausbildungsbereich komplett neu zu definieren. Dazu gehörte die Planung einer modernen und an die Ausbildungsanforderungen angepasste Infrastruktur. Schon 2014 konnte ein entsprechender Neubau übernommen werden, der neben modernen Schulungsräumen auch Hallenplatz für das Ausbildungsflugzeug und weitere Detailtrainer zur Verfügung stellte. In den ersten Jahren gehörte die Wunstorfer Einheit als abgesetzter Bereich organisatorisch noch zur 2. Ausbildungsgruppe des TAusbZLw Nord, die Gruppe verantwortet u.a. die Ausbildung auf der CH-53. Aufgrund der Bedeutung und der doch unterschiedlichen Arbeitsweise im Vergleich zur Ausbildung bei anderen Waffensysteme erfolgte im Jahr 2020 eine Aufwertung zur eigenständigen Ausbildungsgruppe A400M unter Führung eines Oberstleutnants.

Ihm untersteht als »Director A400M« neben Stabsstellen für z.B. Planung und Qualitätsmanagement die Trainingsorganisation bestehend aus den Ausbildungs-

Frank Vetter

Die Ausbildungsgruppe A400M verfügt für sein Schüler zu jeder Zeit über ein Ausbildungsflugzeug.

bereichen B1 und B2 sowie dem Supportbereich. Von den insgesamt 28 Angehörigen der Gruppe sind ca. zweidrittel als Fachlehrer eingesetzt. Durch die Nähe zum Einsatzverband wird es regelmäßig ermöglicht wochenweise dort aktiv mitzuarbeiten und auch mitzufliegen. Entsprechend bleiben die Ausbilder integriert und auf dem letzten Stand bei den Themen rund um ihr Fachgebiet.

Alle deutschen Techniker am A400M durchlaufen die Einrichtung. Die Einheit bietet eine breite Palette verschiedener Lehrgänge mit unterschiedlicher Dauer und Teilnehmerzahl an. Im Fokus stehen die A400M-Trainings einmal zum Fluggerätemechaniker sowie zum Avioniker. In diesen beiden Kursen, die bis zu 75 Ausbildungstage dauern, wird die gesamte Bandbreite der militärischen und zivilen Systeme des Airbus A400M geschult. Dazu gehören bei den Fluggerätemechanikern Inhalte zu den diversen Systemen wie Fahrwerk, Triebwerk, Flugsteuerung, Laderaum inklusive Luftfracht-Beladeelemente, Struktur usw. Beim Avioniker stehen die verschiedenen Cockpit-Systeme sowie Elektrik- und Elektronikanlagen im Flugzeug im Mittelpunkt.

Luftwaffe

In den Lehrsälen hängen zwar noch die früher verbreiteten System-Schaubilder, doch längst erfolgt die Schulung mit modernsten Mitteln. Zum Beispiel auch mit 3D-Brillen.

Luftwaffe

Arbeit mit dem CMOS (Cockpit Maintenance Operation Simulator).

Das (inoffizielle) Wappen der Ausbildungsgruppe A400M.

Insgesamt gilt es bei den langen Kursen bis zu 99 Lektionen zu erlernen und zu bestehen. Hinsichtlich der Inhalte gilt Breite vor Tiefe, d.h. es wird ein sehr breitgefächerter Einblick vermittelt, allerdings wird längst nicht mehr in der Detailtiefe gelehrt, wie dies noch zu Transall-Zeiten der Fall war. Ziel ist es einen Allrounder, statt einen Spezialisten auszubilden.

Die Techniker-Ausbildung und die daraus resultierenden Mitarbeiter-Qualifikationen, die später im Betrieb die nötigen Freigaben ermöglichen, fußt auf den zivilen Rahmenrichtlinien der EASA. Dies ist nur folgerichtig, da der A400M über eine zivile Luftfahrzulassung durch die EASA sowie über eine erweiterte militärische Zulassung durch das Luftfahrtamt der Bundeswehr (LuftABw) verfügt. Entsprechend ist die Ausbildung beim TAusbZLw zweifach genehmigt, sowohl durch das Luftfahrtbundesamt (LBA) als auch durch das LufABw. Mit der Umsetzung auf europäischer Ebene harmonisierter, militärischer Lufttüchtigkeitsforderungen »European Military Airworthiness Requirements« (EMAR), für die Bundeswehr als »German Military Airworthiness Requirements« (DEMAR) firmierend, entstand eine Harmonisierung militärischer und ziviler Instandhaltungsregeln für Luftfahrzeuge, sowie deren Angleichung zwischen den Nationen in der militärischen Luftfahrt. Die Grundlage einer multinationalen Zusammenarbeit im Betrieb des Militärtransporters A400M ist die Erfüllung der europäisch vereinbarten Anforderungen im Rahmen der luftfahrzeugtechnischen Ausbildung. Dieses Ziel stellt die Ausbildungsgruppe A400M durch seine Lehrpläne und Verfahren, die regelmäßig mittels Audits des LBA und des LuftABw überprüft werden, sicher. Als Ergebnis kann der A400M grundsätzlich bei allen europäischen Partnerluftwaffen durch deren Personal technisch bearbeitet und für den Flug freigegeben werden. Dies stellt eine enorme Flexibilität, z.B. bei gemeinsamen Übungen, dar.

Ein weiterer wertvoller Aspekt ist, dass eine zentrale technische Ausbildung auch für andere Betreibernationen durchführbar ist. So vereinbarte Deutschland mit Frankreich beim A400M eine weitgehende Zusammenarbeit in der Ausbildung, und zwar hinsichtlich der

In einer Halle stehen Detailtrainer für die praktische Ausbildung zur Verfügung.

Frank Vetter

taktischen Flugausbildung unter Führung der französischen Luftwaffe in Orleans/Bricy und bei der technischen Ausbildung unter Verantwortung der Luftwaffe, also beim TAusbZLw, Ausbildungsgruppe A400M. Somit werden seit 2014 neben allen deutschen auch die französischen Techniker auf dem A400M in Wunstorf ausgebildet. Der Unterricht sowie der gesamte Dienstbetrieb finden prinzipiell in Englisch statt, entsprechend müssen die Teilnehmer in Kursen zuvor vorbereitet werden. Insgesamt absolvieren pro Jahr ca. 140 deutsche und 50 französische Schüler die diversen Trainings des Verbandes. Auch Belgien hat Interesse bekundet und wird möglicherweise mit einsteigen, ein erster Lehrgang mit belgischen Teilnehmern hat schon stattgefunden. Aktuell befindet sich ein Ausbilder der belgischen Luftwaffe in den Reihen der Gruppe.

Der große Vorteil der Ausbildung vor Ort am Standort in Wunstorf ist die optimale Verbindung zwischen Theorie und Praxis. In gemischten Ausbildungsgruppen erarbeiten die maximal 16 Teilnehmer pro Kurs die theoretischen Grundlagen zu den einzelnen Themen vollständig computergestützt und mithilfe moderner Hilfsmittel, klassischer Frontalunterricht gibt es nicht mehr.

So können mittels VR-Brille virtuell und sehr realistisch, z.B. im Umfeld eines Hangars, verschiedene Wartungsarbeiten am Flugzeug durchgeführt und trainiert werden. Besonders für die Tätigkeiten im Cockpit steht der CMOS (Cockpit Maintenance Operation Simulator) zur Verfügung. Viele Systeme werden von dort gesteuert oder ausgelesen, somit ist es für die angehenden A400M-Techniker von zentraler Bedeutung sich in diesem Umfeld bestens auszukennen. Weiterhin gehören Triebwerks-Bodenläufe zum normalen Aufgabengebiet der Techniker, auch dies lässt sich ideal im CMOS trainieren. Bei Bedarf können die Lehrgangsteilnehmer aber auch einen der beiden Full-Flight-Simulatoren der fliegerischen Ausbildung nutzen.

Nichts ersetzt die Praxis und diese kann ideal genutzt werden. In einer angrenzenden Halle und somit nur wenige Meter von den Schulungsräumen entfernt, können die Schüler direkt am Objekt und real Hand anlegen. Eigentlich war geplant gewesen dem Technischen Ausbildungszentrum einen A400M permanent zuzuordnen. Dieser Plan wurde allerdings mittlerweile fallengelassen und nun erhält die Schule regelmäßig vom LTG 62 für eine gewisse Zeit ein Flugzeug gestellt, dass dann später wieder in den Flugdienst zurückkehrt und von einer anderen Maschine ersetzt wird. Die Praxis-Ausbildung wird weiterhin durch diverse Detailtrainer unterstützt, originalgetreue Nachbauten bestimmter Flugzeugsektionen oder Systeme, die besonders im Ausbildungsfokus stehen. Das Verhältnis Theorie zu Praxis beträgt etwa zwei Drittel zu einem Drittel.

Frank Vetter

Zu den Detailtrainern gehört auch ein originalgetreuer Nachbau der Haupteinstiegstür.

Die Ausbildungsgruppe A400M steht bezüglich ihrer Arbeit im regelmäßigen Austausch mit ihren Pendants z.B. bei Airbus in Sevilla oder bei der Royal Air Force in Brize Norton. Mit letztere Einrichtung ist ein Lehreraustausch geplant.

Die vielen Schulungs-Innovationen, die in den letzten Jahren, teilweise in Eigeninitiative, ausgearbeitet und erfolgreich eingeführt wurden, führten dazu, dass die Ausbildungsgruppe A400M im November 2024 als beste Einheit des Luftwaffentruppenkommandos ausgezeichnet wurde. Dies ist für die Angehörigen sicher eine schöne Bestätigung ihres Einsatz rund um die Gestaltung einer modernen, effizienten und hochwertigen technischen Ausbildung auf dem Waffensystem A400M.

LUFTWAFFE
54 26

Testbetrieb

Der A400M im BAAINBw und bei der WTD 61

WTD 61

Das Bundesamt für Ausrüstung, IT und Nutzung der Bundeswehr in Koblenz (BAAINBw) verantwortet die Beschaffung und Nutzung aller fliegenden Waffensysteme der Bundeswehr. Dies findet in der Abteilung Luft statt, die mit ca. 1100 Mitarbeitern in zehn Gruppen und drei Stäben gegliedert ist. Eine Gruppe davon, L7, verantwortet das Waffensystem A400M. Die einzelnen Programme werden mit Hilfe des Verfahrens »Projektbezogene Bedarfsdeckung und Nutzung«, (PBN) auch in der Entwicklungsphase des Herstellers aktiv begleitet und gemanagt. Die L7 besteht aus drei Referaten, L7.1, L7.2 und L7.3. In der L7.1 werden die Themengebiete Planung, Haushalt, Berichtswesen, Export, ergänzende Nachweisführung für den Betrieb bei der Bundeswehr, IT-Sicherheit und Flugzeugabnahme verantwortet. Durch die Übernahme der Maschine 54+63 (MSN147) am 17. April 2026 fällt letztere Aufgabe voraussichtlich weg, jedoch gilt es auch weiterhin komplexe Modifikationen von Airbus am A400M zu überwachen. Eine davon ist z.B. die Ausrüstung von insgesamt 23 weiteren Maschinen mit dem Abwehr-System DIRCM, das aktuell nur in einer Maschine verbaut ist. Das Referat L7.2 konzentriert sich auf die A400M-Technik und das Systemmanagement. Das schließt z.B. die Evaluierung und Bewertung neuer und geplanter Fähigkeiten des Waffensystems ein. In dieser Funktion arbeitet L7.2 unter anderem sehr

Airbus Defence and Space

Ein großer Tag für die Beschaffungsbehörde: Der 53. und letzte A400M wurde am 17. April 2026 offiziell in Sevilla übernommen. Von links nach rechts: General Günter Katz (Kommandierender General Luftwaffentruppenkommando); Stefan Pfeiffer (L7.1 BAAINBw); Joachim Sucker (Director OCCAR-EA) und Gerd Weber (Airbus, Head of A400M-Programme).

eng mit der Gruppe TTVG des Lufttransportgeschwader 62 zusammen und ist in diversen Arbeitsgruppen von Hersteller und anderen Nutzern vertreten. Das Referat L7.3 ist schließlich für das Nutzungsmanagement des A400M verantwortlich. Hier stehen also Themen rund um die Einsetzbarkeit des A400M im täglichen Einsatzbetrieb im Fokus.

Die Abteilung L ist für die Fachaufsicht der Wehrtechnische Dienststelle für Luftfahrzeuge und Luftfahrtgerät der Bundeswehr (WTD 61) verantwortlich, wie alle WTDs ist die Manchinger Dienststelle Teil des Organisationsbereiches Ausrüstung, Informationstechnik und Nutzung (AIN).

Die Wehrtechnische Dienststelle für Luftfahrzeuge und Luftfahrtgerät der Bundeswehr

WTD 61

Die WTD 61 ist mit ihren ca. 600 Mitarbeiter und Mitarbeiterinnen in Manching das technische Kompetenzzentrum der Bundeswehr für alle fliegende Geräte.

Mit der notwendigen Expertise sowie der infrastrukturellen Ausstattung werden durch die Erprobungsstelle alle von der Industrie im Auftrag der Bundeswehr entwickelten fliegenden Systeme der Bundeswehr sowie Änderungen an den in der Nutzung befindlichen Luftfahrzeugsystemen qualifiziert und unter dem Gesichtspunkt der Leistungen und Eigenschaften sowie der Verkehrstüchtigkeit fachtechnisch bewertet. Dies erfolgt nach international anerkannten Standards mittels komplexer Tests im Boden- und Flugversuch. Entsprechend arbeitet man eng mit militärischen Dienststellen, Firmen, Forschungsinstituten und Universitäten zusammen und ist in diversen internationalen Gremien vertreten. Die WTD 61 trägt maßgeblich dazu bei, dass der Bundeswehr sichere und leistungsfähige Waffensysteme zur Verfügung gestellt werden können.

Um ihre Erprobungs- und Qualifizierungsaufträge erfolgreich durchführen zu können, ist eine Vielzahl von Voraussetzungen nötig. Neben entsprechend geschultem und erfahrenem Personal müssen auch die Infrastruktur und die technischen Möglichkeiten besehen. So kann die WTD 61 auf eigene Lufträume zugreifen, die bei Bedarf gesperrt werden können. Besonders wertvoll, insbesondere im Zusammenhang mit dem Waffensystem A400M, ist das ganz in der Nähe südlich des Flugplatzes Manching gelegene Erprobungsgelände, dass für Absetzversuche genutzt werden kann. Unerlässlich für die Datengewinnung sind neben in die Luftfahrzeuge integrierte Messanlagen, verschiedene Kamerasysteme sowie Telemetrieanlagen.

Dies ist insbesondere beim Lastenabwurf aus dem A400M von großer Bedeutung. Eine Vielzahl von Parametern können ausgewertet werden, z.B. bei welcher Höhe und Geschwindigkeit und zu welcher Zeit eine Last das Luftfahrzeug verlassen hat. Zur Flugbahnvermessung verfügt die WTD 61 über sechs Kinotheodolit-Stationen (KTH), von denen drei mobil und weltweit einsetzbar sind. Die Anlage ist in Deutschland einzigartig und zeichnet sich durch eine hohe Genauigkeit bei der Vermessung von beweglichen Flugzielen aus. Kein anderes System schafft es, eine Genauigkeit von beweglichen Flugobjekten von bis zu fünf cm im Raum zu erzielen.

Der A400M bei der Dienststelle

Das moderne Transportflugzeug spielt bei der Manchinger Dienststelle eine sehr wichtige Rolle. Mitarbeiter der WTD waren sehr früh in das Programm eingebunden und übernahmen z.B. bis zur Lieferung der 54+63 (MSN147) federführend die Flugzeugabnahme beim Hersteller Airbus in Sevilla. Weiterhin fand, in enger Zusammenarbeit mit der TTVG des LTG 62, die Validierung und Qualifizierung der diversen Fähigkeiten, sei es z.B. die Luft-Luft-Betankung, das Absetzen von speziellen Lasten und Fallschirmspringern, der MedEvac-Ausrüstung und die Nachtsichtfähigkeit statt.

Das insbesondere auf den A400M spezialisierte Team der WTD 61 besteht aus drei Testpiloten, drei technischen Ladungsmeistern, zwei Testflugingenieuren und einem Flugversuchstechniker. Viele weitere Bereiche der Dienststelle unterstützen bei Flug- und Erprobungsbetrieb mit dem Muster. Die WTD 61 verfügt normalerweise über eine Maschine, die sie für die Vorhaben nutzt. Die Planung eine Maschine permanent zu übergeben, wurde allerdings aufgegeben, normalerweise wird ein A400M für die Dauer von sechs Monaten vom Einsatzverband ausgeliehen. Hierbei ist es wichtig, ein Flugzeug auszuwählen, das einen Ausrüstungs- und Softwarezustand bereithält, das anstehenden Erprobungsmaßnahmen unterstützt. Die WTD 61 hält eine spezielle Erprobungsinstrumentierung (FTI-Flight Test Instrumentation) bereit, die dann eingebaut werden kann. Allerdings verfügt nur eine Maschine der A400M-Flotte, die 54+22 (MSN81), auch flugzeugseitig über die Vorbereitung, insbesondere hinsichtlich der installierten Software, um die FTI vollumfänglich nutzen zu können.

Erprobungsprogramme

Neben der Mitwirkung beim Test- und der Qualifizierung der durch den Flugzeughersteller im Laufe der Zeit zur Verfügung gestellten Einsatzfähigkeiten des A400M,

Ein A400M über dem Gelände der WTD 61 in Manching.

WTD 61

hat sich die Dienststelle in den letzten Jahren sehr intensiv mit einigen Entwicklungsprojekten beschäftigt. So wurde in den Jahren 2016 und 2017 die Nachtsichtfähigkeit (NVG) getestet. Es ging darum nachzuweisen, dass mit Helm und Nachsichtgerät im Cockpit-Umfeld des A400M sicher gearbeitet werden kann. Um dies zu ermöglichen, wurde in der Werft 1 ein spezielles Nachtsichtzelt an den Hallenkran gehängt. So konnte das komplette Cockpit für die erforderlichen Nachweise lichtdicht umkleidet werden.

Maßgebliche Unterstützung der Truppe stellte die WTD 61 bei der Einsatzprüfung (EP) »Personenfallschirm T-10« der Luftwaffe im Jahre 2021 bereit. Der T-10 wird seit Jahrzehnten für das automatische Absetzen von Truppen verwendet. Bei den Flügen über dem Absetzgebiet (Erprobungsgelände Feilenmoos) in Manching erfolgten zunächst Einzelabsetzungen von instrumentierten Fallschirmspringer-Puppen, sowie dann Einzel - und Reihenabsetzungen von Fallschirmspringern. Der nicht steuerbare T-10 wird allerdings aktuell durch das Modell EPC von Safran ersetzt. Es ermöglicht eine geringere Sinkgeschwindigkeit bei umfangreicherer Ausrüstung und damit ein geringeres Verletzungsrisiko.

In Zusammenarbeit mit Airbus fand im November 2022 am Truppenübungsplatz Todendorf der erfolgreiche Test des sogenannten UAV-Launchers satt. Im Rahmen des Flugversuchs sollte der In-Flight Launch (Flugstart) einer Airbus DT-25 Drohne demonstriert werden. Von einer auf der A400M-Rampe installierten Startvorrichtung wurde die Drohne nach hinten aus dem Flugzeug katapultiert. Die initiale Steuerung erfolgte von einer Operator-Station im Laderaum, dazu gehörte auch der Triebwerksstart der Drohne und die Übergabe des Fluggeräts an die Bodenstation. Der erfolgreiche Flugtest zeigte eindrucksvoll, dass der A400M für die möglicherweise künftige Fähigkeit zum Absetzen von Drohnen geeignet ist.

Ein im Jahr 2023 begonnenes Erprobungsvorhaben betrifft die Luftlande-Absetzplattform für unbemannte Systeme »ATAX« der Firma IrvinGQ. Mit einer Größe von 2,74 x 2,46 m kann sie Lasten bis 3000 kg aufnehmen. Zwei Versionen stehen zur Verfügung, mit »ATAX Land« sollen vor allem Fahrzeuge, mit »ATAX Marine« Boote abgesetzt werden. Durch ein Dämpfungssystem mittels softer Luftpolster, die bei der Landung Luft abgeben, werden die Stoßkräfte so stark reduziert, dass das Fahrzeug oder Boot sofort einsatzfähig von der Plattform bewegt werden kann.

Zum Test der Nachtsichtfähigkeit wurde mithilfe eines entsprechenden Zeltes die benötigte Dunkelheit erzeugt.

WTD 61

Die ersten Tests erfolgten mit der »ATAX Marine«-Plattform über einem Absetzgebiet in der Eckernförder Bucht. Hierbei ging es zunächst um den Nachweis der Systemfunktion in repräsentativen Lastkonfigurationen (Absetzung von Schlauchbooten in verschiedenen Lastkonfigurationen). Wichtig war die Ermittlung der ballistischen Daten. Während eines Vorgangs wurde nicht nur die Plattform, sondern zusätzlich auch Marine-Fallschirmspringer aus dem A400M abgesetzt. Anschließend erfolgten über dem Absetzgebiet in Manching die Versuche mit »ATAX Land«. Auch hier galt es zunächst den Nachweis der Systemfunktion in repräsentativen Lastkonfigurationen mittels Absetzungen von »Dummy«-Lasten im Schwerkraftverfahren zu erbringen. Im zweiten Schritt wurden zwei verbundene und mittels Überbau versteifte Plattformen für größere Lasten im Auszugverfahren abgesetzt. Hierbei war ein Waffenträger »Wiesel« geladen. Bei dem Versuch wurden wieder wichtige ballistischen Daten ermittelt. Insgesamt verliefen die Versuche erfolgreich.

WTD 61

In enger Zusammenarbeit mit Airbus wurde der sogenannten UAV-Launcher an Bord eines A400M erfolgreich getestet. Hierbei wurde die Airbus DT-25-Drohne verwendet.

WTD 61

Ausstoß der Drohne über dem Truppenübungsplatz Todendorf.

WTD 61

Das Erprobungsprojekt des UAV-Launchers wiess nach, dass der A400M gut für das Absetzen von Drohnen geeignet ist. Aber auch, dass die Zusammenarbeit zwischen Hersteller und WTD 61 wertvoll ist.

WTD 61

Die Erprobung dient nicht nur dazu, die generelle Machbarkeit zu überprüfen, sondern auch dazu, ein sicheres Einsatzverfahren zu erarbeiten.

WTD 61

Für Absetzversuche kann die WTD 61 das nahe am Flugplatz gelegene Erprobungsgelände Feilenmoos nutzen.

WTD 61

Abwurf eines speziellen Landegestells »ATAX Marine« mit zwei Schlauchbooten über der Eckernförder Bucht.

Vorbereitung für den Test des Notabwurf-Verfahrens eines Flüssigsauerstoff-Behälters.

WTD 61

WTD 61

Abwurf-Erprobung des Systems »ATAX Land«, beladen mit dem Waffenträger Wiesel. Dieser wiegt immerhin ca. drei Tonnen.

Eine weitere Test-Kampagne erfolgte im Jahr 2024 als das Autonomous Cargo Delivery-System »Silent Arrow« im Zusammenspiel mit dem A400M erprobt wurde. Bei Silent Arrow handelt es sich um eine kompakte Cargo-Drohne, die bis zu 0,75m³ Volumen und max. 740kg aufnehmen kann. Per Schwerkraftauszug wird die Drohne abgesetzt, anschließend entfalten sich vier Flügel automatisch und die Drohne gleitet bis zu 60 km zur Zielkoordinate. Der Versuch erfolgte über dem Truppenübungsplatz in Todendorf.

Bei einem anderen ausführlichen Testprogramm ging es darum, ein Verfahren zum Notabwurf eines 2000 Liter Flüssigsauerstoff-Behälters zu erarbeiten und zu erproben. Die Luftwaffe benötigt für den Betrieb von einigen Luftfahrzeugmustern zwingend Flüssigsauerstoff, somit gehört der Transport der entsprechen Behälter-Wagen zu einer wichtigen Anforderung. Um eine möglicherweise eintretende Notlage an Bord (z.B. durch ein Sauerstoffleck) handhaben zu können, galt es ein Notverfahren zu testen, diesen Behälter im Auszugverfahren abzuwerfen. Die Versuche fanden über dem Erprobungsgelände Feilenmoos der WTD 61 in Manching statt.

Ein unorthodoxer Bodenversuch mit dem A400M fand im Jahr 2025 statt. Im Rahmen einer speziellen Funktionsprüfung einer Panzer-Antenne (maximale Höhe 18m) nutze man die starken Triebwerke des Transportflugzeuges, um verschiedene Windlasten zu generieren.

WTD 61

WTD 61

Eine weitere ausführliche Erprobungskampagne betrifft den Lastengleiter HADIS (High Altitude Drop Infiltrating System) von Hensoldt. HADIS ermöglicht den Transport von Lasten bis 500 kg (Cargo-Volumen 690 Liter) über bis zu 120 km, bei geringeren Lasten sogar bis 170 km, sodass das Trägerflugzeug weiter außerhalb des Operationsgebiets verbleiben kann. Das System wird mittels Auszug-Schirm aus einer auf der Laderampe platzierten Transportbox gezogen, die bis zu fünf Gleiter aufnehmen kann. Die Tragflächen mit insgesamt acht Metern Spannweite müssen sich nicht wie bei anderen Systemen entfalten, sondern befinden sich bereits in Flugkonfiguration. Die für die Steuerung erforderliche Elektronik ist vollständig in den Flügeln

Der Test erfolgte über dem eigenen Erprobungsgelände Feilenmoos.

Nach der Landung kann der Panzer aufgrund eines Dämpfungssystems sofort in Betrieb genommen werden. Ein erfolgreicher Test.

untergebracht. Nach dem Absetzen steuert der Gleiter autonom den Zielpunkt an. Das Einweg-System kann auch im Schwarm mit weiteren Gleitern eingesetzt werden. Die Landung erfolgt punktgenau per Fallschirm.

Im Februar 2025 führte die WTD 61 gemeinsam mit Hensoldt einen ersten Testabwurf eines 1/3 großen Demonstrators aus dem A400M durch. Insbesondere Auszug, autonomes Gleiten und Landung verliefen sehr erfolgreich. Der Flugtest erfolgte auf dem Absetzgebiet Nordhorn. Ende 2026 soll die Erprobung eines maßstabsgetreuen HADIS-Prototyps erfolgen. Als Weiterentwicklung ist ein Antrieb möglich, mit dem deutlich größere Reichweiten realisierbar wären.

Neben diesem Projekt beschäftigt das A400M-Team weiterhin die Testvorhaben von ATAX Land und Marine; in beiden Fällen sind weitere Absetzversuche im Schwerkraft- und Ausziehverfahren geplant. Beim Schwerkraftverfahren werden die Lasten allein durch das Anstellen des Flugzeugs in Bewegung gebracht, während beim Ausziehverfahren ein entsprechender Schirm für einen schnelleren und horizontalen Abgang sorgt.

WTD 61

Der Lastensegler HADIS der deutschen Firma Hensoldt ist ein zukunftsorientiertes System, das über eine große Entfernung gleiten und punktgenau landen kann. Für den ersten Test wurde zunächst ein Prototyp genutzt, der nur ein Drittel der Originalgröße besitzt.

HADIS muss die Flügel nicht wie bei anderen Systemen entfalten. Der Test verlief insgesamt sehr erfolgreich. Als nächstes schließt sich ein Versuch mit einem 1:1-Prototyp an.

Erfolgreicher Abgang. HADIS wird mittels einem Schirm aus einer Box ausgezogen.

WTD 61

WTD 61

A400M Flight Test Evaluation Center (AFTEC)

Um hinsichtlich der Weiterentwicklung des Waffensystems A400M und seinen Fähigkeiten eine enge Verzahnung zwischen der Beschaffungs- und Zulassungsorganisationen der Bundeswehr sowie den Herstellern zu ermöglichen, ist der Aufbau des A400M Flight Test Evaluation Centers geplant. Man orientiert sich dabei an einem ganz ähnlichen Konzept, dem ebenfalls in Manching ansässigen »Nationalen Test- und Entwicklungszentrums Eurofighter« (NaTE EF), das in einer ersten Phase Mitte 2025 seine Arbeit begonnen hat. Wie auch beim Eurofighter geht es darum mit der Luftwaffe und Airbus Defence and Space hinsichtlich der Systembetreuung und der Weiterentwicklung noch schneller und effizienter zusammen zu arbeiten. Eine erste Phase wurde bereits genehmigt, in der künftig zwei A400M in Manching auch für Airbus zur Verfügung stehen werden. Die Flugzeuge gehören allerdings weiterhin dem LTG 62 und werden ca. sechsmonatlich ausgetauscht werden. Als Blaupause für künftige Tests gilt z.B. die gemeinsame Erprobung des UAV-Launchers (mit der Airbus Drohne DT-25) zusammen mit Airbus. Die Erprobungsfähigkeiten inklusive der dazugehörigen Infrastruktur der Manchinger Dienststelle sind für Airbus sehr attraktiv. Weiterhin ist der Zugriff auf einen hinsichtlich des Ausrüstungszustandes aktuellen A400M von großer Bedeutung. Airbus selbst verfügt aktuell mit der MSN006 nur über ein aktives Flugzeug, das in einigen Bereichen nicht mehr der Serie entspricht. Die genaue Ausgestaltung von AFTEC muss allerdings noch erarbeitet werden, denkbar ist, dass es nicht nur in Manching, sondern auch in Sevilla ein gemeinsames Team geben wird.

Das Waffensystem Airbus A400M wird die Mitarbeiter der entsprechenden Bereiche im BAAINBw und in der WTD 61 durch seine vielen Entwicklungsmöglichkeiten in jedem Fall noch viele Jahre intensiv weiterbeschäftigen.

Die WTD 61 verfügt jederzeit über einen A400M für ihrer Flugtests. Sollte AFTEC umgesetzt werden, sind sogar zwei Maschinen ständig eingeplant. Sie werden aber, wie auch heute schon, vom LTG 62 über eine Periode von ca. sechs Monaten ausgeliehen.

WTD 61

Frank Vetter

A400M-Flugzeugabnahme in Sevilla

Die Anwendung eines detaillierten Qualifikationsmanagements ist für neues Bundeswehr-Gerät von großer Bedeutung. Für das komplexe Waffensystem A400M wurde der WTD 61 die Federführung für die technische Flugzeugabnahme der neu auszuliefernden Transporter übertragen. Dabei wurde sie vom Bereich ZtQ (Zentrum für technisches Qualitätsmanagement) des BAAINBw unterstützt. Die WTD benannte einen sogenannten »National Focal Point« für diese Tätigkeit, einen erfahrenen Testflugingenieur. Im Jahr 2014 begann die sehr arbeitsintensive Erst-Flugzeugabnahme der MSN018, die sich über insgesamt neun Wochen erstreckte. Der gesamte Prozess war zunächst für die Beteiligten, Airbus, OCCAR als Vertragspartner und Endkunde Neuland und musste sich erst einspielen. Im Laufe der Zeit reduzierte sich der Zeitraum des Abnahmeprozesses auf nur noch fünf Wochen.

In Sevilla wartet ein für die Abnahme vorbereiteter Luftwaffen-A400M auf das Inspektorenteam der WTD 61 und der OCCAR.

Der Ablauf der Flugzeugabnahme war strikt gegliedert. Zunächst erfolgte die Inspektion des A400M in einer Halle durch zwei Zweierteams. Die Kunden-Vertreter von OCCAR und WTD 61 wurden dabei von jeweils einem Airbus-Mitarbeiter begleitet, der die Beanstandungen aufnahm und die entsprechende Liste (QLB, Quality Log Book) befüllte. Es dauerte ca. eine Woche, bis das Flugzeug außen wie innen genau begutachtet worden war. Eine ausführliche Checkliste lag diesem Ablauf zu Grunde. Allerdings wurde nicht nur das Flugzeug, sondern auch die mitbestellte Zusatzausrüstung, configuration item (CI) genannt (z.B. die einbaubaren Sitze im Laderaum) genau überprüft.

Nach Beendigung der Inspektion schloss sich die Funktionsprüfung des Flugzeuges an. Hier wurden die Triebwerke am Boden bei einem Engine Ground Run (EGR) gestartet und diverse Systemprüfungen z.B. des

Elektrik- und Hydrauliksystems durchgeführt. Wichtig war auch die Überprüfung der Lichtanlage (»Lights and Signals«) sei es der vielen Außen- und Innenbeleuchtungselemente aber auch der Cockpitbeleuchtung inklusive der Überprüfung der extrem abgedunkelten Beleuchtung während des Betriebs mit Nachtsichtgeräten. Ein Checkpunkt war z.B. auch die Überprüfung, ob das Bild der nach vorne gerichteten Infrarotkamera korrekt im Head-Up-Display dargestellt wird. Nach Abschluss dieser Phasen widmete sich Airbus der Beanstandungsbehebung am Flugzeug und präsentierte dem Kunden dieses anschließend erneut. Es erfolgte das »Buy Back«, also die Präsentation der beanstandeten QLB-Punkte mit nachfolgender Akzeptanz des Kunden oder erneuter Nacharbeit durch Airbus.

Nun konnte das Flugzeug für seinen Überprüfungsflug C1 (Customer 1) durch den Kunden vorbereitet werden. Nach erfolgreicher Absolvierung weiterer Bodentestläufe war es dann so weit, der wichtige Flug konnte durchgeführt werden. Die Crew bestand aus Airbus- und Kundenvertretern, die Verantwortung lag aber weiterhin auf der Firmenseite. Der Flug dauerte jeweils ca. vier Stunden dabei wurden vorher festgelegte Checks abgearbeitet. Der Airbus-Testpilot demonstrierte dabei seinem Counterpart der Bundeswehr die jeweils korrekte Funktionsfähigkeit. Dazu gehörte auch die Sonderausstattung wie z.B. die Luftbetankungs-Behälter. Auch wurden die Standardfluglagen abgeflogen.

Die Tests und Überprüfungen im Cockpit sind sehr umfangreich.

Frank Vetter

Frank Vetter

Auch der Landeraum wird genaustens überprüft. Die Aufgabe band in den letzten Jahren mit dem Zulauf der A400M viel Kapazität. Doch sie zahlt sich aus. Jede gefundene Beanstandung führt nicht zu etwaigen Folgekosten.

Frank Vetter

Auch die komplexen Triebwerke und Propeller des A400M stehen im Fokus.

An das Limit ging man bei diesen Flügen allerdings nicht. Für diese Missionen standen reservierte Lufträume über dem Atlantik und über dem Mittelmeer zur Verfügung. Nach der Landung wurden die Beanstandungen besprochen und festgelegt, ob diese nach Abarbeitung einen weiteren Flug (C2) erforderlich machen würden. So dies nicht erforderlich war konnte die Übergabe konkret eingeplant werden.

Parallel wurden die nötigen Dokumente für die Übergabe vorbereitet, mögliche Beanstandungen, die nicht geschlossen werden konnten, in einem sogenannten Commitment Letter festgehalten und ggfs. eine spätere Abarbeitung oder eine finanzielle Kompensation vereinbart. Nun stand der offiziellen Flugzeugübergabe nichts mehr im Wege. Der sogenannte »Transfer of Titel« (TOT) erfolgte zunächst zwischen Airbus und der OCCAR und dann weiter an das BAAINBw. Typischerweise unternahm die zweite Unterschrift ein Vertreter von L7.1. Symbolisch wurde dabei der Schlüssel des nagelneuen A400M übergeben. Nun erfolgte die Vorbereitung des Luftfahrzeugs für die Überführung nach Deutschland, also mit den dazugehörigen Ausrüstungsgegenständen beladen und vollgetankt. Eine Crew von der Luftwaffe reiste an, um die Maschine nach Wunstorf zu überführen. Nach einem kleinen Übergabe-Event ging es dann schließlich zum Einsatzverband.

FASF

Vielfalt

Der A400M im internationalen Einsatz

Französische Luftwaffe

Frankreich war und ist ein maßgeblicher Unterstützer des A400M und war sicher maßgeblich daran beteiligt, dass das Programm auch in schwierigen Phasen letztlich doch weiterverfolgt wurde und zu einem Erfolg geführt werden konnte. Die französische Luftwaffe hat nicht zuletzt aufgrund ihrer Verpflichtungen in Übersee und in Afrika einen recht hohen Bedarf an Transportkapazität und setzt dabei auf einen Flottenmix bestehend aus der CN235, der C-130 Herkules (unter anderem in Form einer gemeinsamen Staffel mit der Luftwaffe in Evreux) und dem A400M. Die französische Luftwaffe nutzt für das Flugzeug offiziell, im Gegensatz zur Luftwaffe, den Namen »Atlas«.

Schon früh legte sich Frankreich und damit die französische Luftwaffe auf eine Gesamtzahl von 50 Transporter fest. Allerdings führten verschiedene Faktoren – darunter Kostengründe, aber auch eine zeitweise deutliche Unzufriedenheit mit dem Muster – zu einer erheblich verzögerten Abnahme. So übernahm die Armee de l'Air et de l'Espace im Januar 2026 erst ihren 25. A400M (F-RBAY, MSN0142). Dabei erhielt die französische Luftwaffe mit der F-RBAA (MSN007) am 2. August 2013 die allererste Kundenmaschine, kurz darauf am 6. November 2013 folgte schon die zweite Maschine, F-RBAB (MSN008). Im zweiten Halbjahr 2014 und im Januar 2015 schlossen sich mit der F-RBAC (MSN010), der F-RBAD (MSN011), der F-RBAE (MSN012), der F-RBAF

Jungfernflug des ersten A400M für die französische Luftwaffe.

Airbus/S. Ramadier

(MSN014) und der F-RBAG (MSN019) gleich fünf weitere Flugzeuge in schneller Folge an. Mit sechs sehr frühen Maschinen in der Flotte kämpfte die FASF (French Air and Space Force) besonders mit den vielen Kinderkrankheiten des A400M und einer entsprechend niedrigen Verfügbarkeit. Zeitintensive Nachbesserungen der frühen Serialnummern schränkten in der Folgezeit die Nutzbarkeit des Transporters weiter ein. Die Situation war zeitweise derart unbefriedigend und im politischen Fokus, dass eine Taskforce eingesetzt wurde, die regelmäßig dem Premierminister berichten musste.

Der Atlas wurde auf der Base Aerienne 123 (BA123) in Orleans/Bricy stationiert und dort der Escadron de Transport 1/61 (ET 1/61) »Touraine« zugeordnet. Ab August 2017 aktivierte man mit der ET 4/61 Bearn in Orleans eine zweite Einsatzstaffel für den Betrieb des neuen Musters. Mit Eintreffen des A400M verabschiedete sich die C-160R Transall sukzessive in den Ruhestand, allerdings wurde die letzte Maschine erst im Mai 2022 endgültig ausgemustert.

Zwischen Mitte 2015 und Anfang 2026, also in zehneinhalb Jahren, erhielt die FASF nur 18 Flugzeuge, also im Durchschnitt ca. zwei pro Jahr. Nur nach und nach und in kleiner Anzahl bestätigte sie fest die Abnahme weiterer Flugzeuge und ließ damit Airbus ein Stück weit im Unklaren. Immerhin erklärte man Anfang 2026, mindestens 35 A400M abzunehmen und die gesamte Flotte sehr aufwendig modernisieren zu wollen.

Auf der BA123 ist mit der Escadron de Transport 3/61 Poitou noch eine weitere Staffel aktiv. Sie steht dem französischen Spezialkommando zur Verfügung. Dazu operiert die Einheit neben C-130H und C-130H-30 Herkules sowie DHC-6-300 Twin Otter nun auch mehrere A400M Atlas. Eine wichtige Fähigkeit für dieses Einsatzspektrum ist die Betankung von Helikoptern mit den speziellen für niedrigere Geschwindigkeiten ausgelegten Betankungsbehältern. Darüber hinaus erhielt die 22. ausgelieferte Maschine, die F-RBAV (MSN130), die Wescam MX-20 Kamera-Drehkugel installiert, die mittels Elektro-Optischen- und Infrarotsensoren Bodendaten aus großer Höhe und Entfernung gewinnen kann. MX-20 findet sich z.B. auch verbreitet bei Aufklärungsdrohnen.

Der Atlas ist bei der französischen Luftwaffe vielseitig im Einsatz, auch wenn die geringe Flottengröße zu Einschränkungen führt. Neben rein logistischen Einsätzen gehören Evakuierungsmissionen unter Bedrohung ebenso dazu wie die Betankung von Hubschraubern, Kampfflugzeugen und Transportern und das Absetzen von Fallschirmspringern und Lasten. Weiterhin wird das Flugzeug in der MedEvac-Rolle verwendet und kommt als Such- und Rettungsmittel zum Einsatz.

Im Juni 2026 beauftragte die FASF, den Hersteller Airbus ihre A400M mit weiteren Fähigkeiten auszustatten. Im Fokus steht dabei die Nutzung des Musters in der ISR-Rolle (Intelligence, Surveillance and Reconnaissance, also Informationsgewinnung, Überwachung und Aufklärung). Um dies zu realisieren, soll ein neues Missions-System, ein maßgeschneiderter Kontroll-Arbeitsplatz im Laderaum sowie elektro-optische und Infrarotsensoren (z.B. der MX-20) integriert werden. Ziel ist es dabei, auch den Grundstein zu legen, z.B. Drohnen und Lenkflugkörper mit dem A400M kontrollieren zu können. Die erste Modifikation soll im Laufe des Jahres 2027 erfolgen, anschließend, für das Jahr 2028, sind dann Flug- und Zulassungstests geplant.

Airbus

Auslieferung der MSN007 am 2. August 2013.

Der A400M Atlas ist, trotz einer ausgedehnten, schwierigen Phase, mittlerweile ein ganz wichtiger Faktor im Fähigkeitsspektrum der französischen Luftwaffe. Auch wenn sich der Bestand weiterhin nur sukzessive erhöhen und die 50 bestellten Flugzeuge erreichen wird.

Airbus Defence and Space

Nur sehr langsam schreiten die Auslieferungen an die FASF voran. Die MSN130 wurde als 22. Maschine erst am 23. November 2023 (also knapp zehn Jahre nach dem ersten A400M) an den Kunden nach Orleans überführt.

Die französische Luftwaffe stützt sich mittlerweile stark auf den A400M ab. Auch wenn immer noch keine feste Abnahmezusage für alle 50 bestellten Exemplare vorliegt, so ist es doch sehr wahrscheinlich, dass alle Flugzeuge übernommen werden.

Airbus Defence and Space/S. Ramadier

Airbus Defence and Space

Die A400M Atlas sind in Orleans/Bricy auf der Base Aerienne 123 stationiert.

Airbus Defence and Space

Die F-RBAA erhielt zum Jubiläum der Transportstaffel 1/61 »Touraine« eine Sondermarkierung. Die Atlas der FASF operieren auch häufig in den ehemaligen Kolonien Frankreichs in Afrika oder auch Südamerika.

Türkische Luftwaffe

Als sehr früher Partner am europäischen Militärtransporter-Programm sicherte sich die türkische Industrie einen recht großen Anteil des Fertigungsumfangs. So stammt die vorderste Rumpfsektion (hinter der Cockpitsektion), der Heckkonus, eine obere Rumpfschale und diverse Klappen von türkischen Lieferanten. Die türkische Luftwaffe hatte zunächst eine Absichtserklärung über 26 Flugzeuge formuliert, dann allerdings nicht zuletzt aus Kostengründen nur zehn Maschinen fest bestellt. All diese A400M sind mittlerweile ausgeliefert und werden von der 221 Filo (Staffel) auf der Basis Kayseri betrieben. Die Türkei erhielt am 4. April 2014 mit der MSN009 (13-0009) nach zwei französischen A400M die dritte Kundenmaschine. Ende des Jahres 2014 folgte mit der 14-0013 (MSN013) ein zweites Flugzeug. Leider verunglückte das vorgesehene dritte Flugzeug, die MSN023, noch vor der Übergabe an die türkische Luftwaffe kurz nach dem Start in Sevilla. Hierbei kamen vier der sechs Airbus-Mitarbeiter an Bord ums Leben. Grund des Absturzes war eine fehlerhafte Software für die Triebwerkssteuerung, die kurz zuvor aufgespielt worden war. Ende November 2015 folgte mit der 14-0028 (MSN028) der dritte A400M für die THK. In 2017 reihten sich zwei weitere Maschinen ein, im April die 15-0051 (MSN051) und im Juli die 16-0055 (MSN051). Auch in den beiden Folgejahren stießen je zwei Maschinen zur Flotte, und zwar im Juni 2018 die 17-0078 (MSN078), im Oktober 2017 die 17-0080 (MSN080), im Juni 2019 die 18-0093 (MSN093) und schließlich im August 2019 die 18-0094 (MSN094). Erst einige Zeit später, im März 2022, übernahm die THK mit der 21-0118 (MSN118) ihren vorerst letzten A400M.

Die türkische Luftwaffe erhielt mit der 13-0009 (MSN009) am 4. April 2014 schon früh ihren ersten A400M.

Airbus Defence and Space/H. Gousse

Das Flugzeug hat bei der THK den Spitznamen »Big Yusuf«.

Das Muster löste die C-160D Transall ab, die letzte Maschine wurde erst Ende März 2026 ausgemustert. Der A400M, aktuell in der Transporter-Rolle noch unterstützt durch diverse C-130 Herkules und CN235-100, ist aufgrund der Leistungsfähigkeit für den NATO-Staat von enormer Bedeutung. Somit ist es nicht unwahrscheinlich, dass insbesondere als Ersatz für die zum Teil mit über 50 Einsatzjahren betagten C-130 Herkules noch weitere A400M folgen werden. Zumindest hat es von Seiten des türkischen Verteidigungsministeriums schon eindeutige Aussagen diesbezüglich gegeben.

Die A400M der THK werden auch regelmäßig für Hilfsflüge eingesetzt.

Airbus Defence and Space

Die türkische Luftwaffe verfügt nur über zehn A400M, obwohl anfangs 26 eingeplant worden waren. Deswegen ist eine Nachbestellung nicht unwahrscheinlich.

Airbus Defence and Space/H. Gousse

Royal Air Force

Die britische Luftfahrtindustrie und insbesondere British Aerospace (BAe) brachte sich von Anfang an in das Programm eines europäischen Militärtransporters mit ein, denn es bestand eine klare Notwendigkeit die C-130 Herkules der RAF mit einem modernen Gerät zu ersetzen. Großbritannien trat in den Folgejahren im Gegensatz zu anderen Staaten als insgesamt verlässlicher Partner des Programms auf. Allerdings plante die RAF aufgrund eines gewünschten Flottenmixes mit einem kleineren und einem sehr großen Gerät nur mit vergleichsweise wenigen Flugzeugen. So enthielt die im Juni 2001 vereinbarte Flugzeuganzahl für die RAF nur insgesamt 25 A400M. Hinsichtlich der industriellen Arbeitsaufteilung war die Produktion der Tragflächen in Großbritannien früh gesetzt. In Filton, in der Nähe von Bristol, entstehen die Tragflächen der diversen Airbus-Flotten.

Im November 2010 vereinbarten Großbritannien mit Frankreich hinsichtlich des A400M eng zusammenzuarbeiten und die Aktivitäten zu bündeln. So sollte ein gemeinsamer Vertrag für die Einsatzunterstützung inklusive Training mit Airbus geschlossen werden. Im Mai 2011 unterzeichnete man mit Airbus Military und der EADS, zusammen mit den anderen damaligen Kunden, einen angepassten Vertrag, der die Abnahme von nur noch 22 Flugzeugen vorsah. Die erste Maschine sollte Ende 2014 geliefert werden. Am 6. Juli 2012 erhielt der A400M im Rahmen der Veranstaltung Royal International Air Tattoo (RIAT) offiziell den Namen »Atlas« für die britische Luftwaffe verliehen.

Tatsächlich übernahm die RAF ihren erste Atlas C.1 (ZM400, MSN015) am 17. November 2014 und überführte ihn zu seinem Einsatz-

Nur 22 A400M werden bis heute von der RAF betrieben. Die erste Maschine war die ZM400 (MSN015). Sie wurde am 17. November 2014 zu ihrem Einsatz-Flughafen RAF Brize Norton westlich von Oxford überführt.

Airbus Defence and Space/P. Pigeyre

Airbus Defence and Space

Auslieferung der vorletzten A400M Atlas für die Royal Air Force (Kennzeichen ZM420 /MSN 056) am 11. Oktober 2022. Da die Maschine zuvor als Testflugzeug genutzt und danach längere Zeit eingelagert worden war, erfolgte die Auslieferung dieser vergleichsweise niedrigen Seriennummer ungewöhnlich spät.

Airbus Defence and Space

Der 22. und letzte A400M Atlas für die RAF, übergeben am 22. Mai 2023 in Sevilla. Auch bei der RAF gibt es nun Interesse an weiteren Maschinen.

Airbus Defence and Space

Bei der RAF liefen ebenfalls einige außergewöhnliche Tests, wie hier bei Landungen an einem Strand.

Flughafen RAF Brize Norton westlich von Oxford. Dort konzentriert die RAF ihre Transporter-Flotte. Neben dem A400M gehörten zu diesem Zeitpunkt noch die C-130J Hercules (die letzte Hercules wurde erst im Juni 2023 ausgemustert) und die C-17 Globemaster III. Der erste A400M erhielt den Namen »City of Bristol«.

Im Laufe des Jahres 2015 folgten vier weitere Maschinen, und zwar ZM402 (MSN017), ZM403 (MSN020), ZM405 (MSN024) und ZM406 (MSN025). In 2016 folgten weitere sieben Atlas C.1 ZM401 (MSN016), ZM404 (MSN021), ZM407 (MSN026), ZM408 (MSN027), ZM409 (MSN034), ZM410 (MSN038), ZM410 (MSN038) und ZM411 (MSN039). Die A400M wurden drei Staffeln zugeordnet, die No. 24 Squadron übernimmt die Schulung auf dem Muster und betreibt parallel noch die C-17. Reine Einsatzverbände sind die No. 30 und die No. 70 Squadron. Da die RAF viele frühe A400M übernahm, litt man zunächst besonders an den diversen Kinderkrankheiten des Musters. Erst nach und nach stabilisierte sich die Verfügbarkeit. Entsprechend standen am Anfang reine Logistik-Missionen im Fokus. Im Verlauf des Jahres 2017 erhielt die RAF weitere sechs A400M, und zwar ZM412 (MSN042), ZM413 (MSN045), ZM414 (MSN047), ZM415 (MSN052), ZM416 (MSN058) und ZM417 (MSN060).

Airbus Defence and Space

Die RAF nutzt den Atlas ebenfalls als fliegendes Lazarett.

Die RAF führt die Ausbildung überwiegend in eigener Regie durch und betreibt dafür auf Brize Norton u.a. zwei Full-Flight Simulatoren von Thales und einen Cargo Hold Trainer, den auch die Luftwaffe von Rheinmetall erhalten hat. Von den drei in 2018 für die RAF produzierten A400M übernahm die britische Luftwaffe zunächst nur zwei Maschinen, und zwar ZM418 (MSN072) und ZM419 (MSN077). Ein Flugzeug, die ZM420 (MSN056) verblieb in Sevilla und wurde dort teilweise als Testflugzeug verwendet, aber auch langfristig geparkt. Sie wurde erst am 11. Oktober 2022 ausgeliefert. Die letzte Maschine, ZM421 (MSN129), komplettierte schließlich am 22. Mai 2023 die Auslieferungen nach Großbritannien.

Die RAF nutzt den A400M mittlerweile neben der rein logistischen auch in der taktischen Rolle. Dazu gehört das Operieren von Behelfspisten mit verschiedensten Untergründen. So testete ein A400M der RAF das Starten und Landen an einem Strand. Das Einsatzmuster war mittlerweile an diversen militärischen Operationen beteiligt, z.B. bei den Evakuierungsflügen in Afghanistan sowie im Sudan und hat sich aufgrund seiner Leistungsfähigkeit auch bei der RAF nun gut etabliert. Regelmäßig wird der Atlas C.1 auch von den Voyager KC3 (A330 MRTT) in der Luft betankt. Selbst als Tanker wird die Maschine allerdings nicht genutzt. Eine wichtige Fähigkeit des A400M im Dienste der RAF betrifft MedEvac. Bis zu 66 Krankenbetten können für Verwundetentransporte verwendet werden.

Es gilt als sehr wahrscheinlich, dass die RAF in der näheren Zukunft weitere A400M bei Airbus ordern wird, um die vorhandenen Fähigkeiten des Transporters noch besser nutzen zu können.

Der Atlas wird von der RAF regelmäßig im Tiefstflug bewegt. Die technische Ausstattung des Flugzeuges, inklusive dem Head-Up-Display, unterstützt dieses Einsatzprofil.

Airbus Defence and Space

Spanische Luftwaffe

Die spanische Luftwaffe (Ejército del Aire y del Espacio) wählte den A400M als Ersatz für ihrer C-130H und KC-130H Herkules aus. Insgesamt 27 Maschinen wurden bei Airbus bestellt. Die Auslieferung des ersten Transporters (MSN044) erfolgte allerdings recht spät, und zwar am 1. Dezember 2016. Die Maschine mit der Bezeichnung T.23-01/31-21 begann wenig später ihren Einsatz beim Transportgeschwader ALA 31 in Zaragoza. Diese Einheit betrieb parallel auch die Herkules. Bei der spanischen Luftwaffe wird der A400M in der taktischen Transport-Version T.23, mit der zusätzlichen Betankungsmöglichkeit TK.23 bezeichnet.

Um den A400M optimal betreiben zu können wurden in Zaragoza einige Infrastruktur-Maßnahmen durchgeführt. Dazu gehörte ein neuer, großer Wartungshangar und weitere Werkstätten sowie ein Simulatorgebäude. Darüber hinaus wurden Abstellflächen vergrößert und die Taxiwege angepasst. Die Baumaßnahme dauerten von 2015 bis 2018.

Die fortlaufende Flugzeug-Auslieferung erfolgte recht langsam, sodass die SpASF sich nur sehr mühsam auf das neue System einstellen konnte. Der zweite A400M folgte Ende 2017, ein weiterer Mitte 2018. Im Jahr 2019 wurden immerhin drei A400M ausgeliefert. Sukzessive ging es weiter bis im April 2023 der 14. und vorerst letzte übernommen werden konnte. Aufgrund finanzieller Engpässe hatte man, ähnlich wie in Deutschland, geplant, die noch offenen 13 Flugzeuge der Gesamtbestellung möglichst weiterzuverkaufen.

Ab Dezember 2020, als die C-130H und KC-130H in den Ruhestand versetzt wurden, musste der A400M vollständig den Transport- und Tankerauftrag übernehmen. Der A400M wird von den zwei zur ALA 31 gehörenden Staffeln, der 311. und der 312. Escuadron betrieben. Von den 14 A400M sind fünf ständig als Tanker ausgerüstet und stehen der spanischen Eurofighter- und EF-18A/B-Flotte bei deren Einsätzen zur Verfügung.

Ab 2020 waren die A400M an mehreren Auslands-Operationen beteiligt. Hierzu gehörten auch Evakuierungsflüge in Afghanistan zwischen dem 17. und 27. August 2021 und im Sudan am 23. und 24. April 2023.

Aufgrund der gestiegenen Bedeutung des militärischen Flugtransports und der mittlerweile nachgewiesenen Leistungsfähigkeit des A400M kündigte die OCCAR Mitte 2025 als Kundenvertreter an, dass die spanische Luftwaffe drei weitere A400M übernehmen würde. Etwas später, im Februar 2026, folgte die Festbestellung von weiteren drei Maschinen auf dann insgesamt 20. Die erste von den zusätzlichen Flugzeugen, die MSN152, soll schon im Verlauf des Jahres 2026 ausgeliefert werden.

Airbus Defence and Space

Die spanische Luftwaffe erhielt ab Dezember 2016 ihre A400M. Hier ist die T.23-06 zu sehen.

Airbus Defence and Space

Die spanische Luftwaffe hat insgesamt 27 A400M bestellt, bis Anfang 2026 war aber erst die Abnahme von 20 Flugzeugen fest vorgesehen.

Auslieferung der TK.23-14 (MSN 129) am 25. April 2023. Es war die 14. Maschine für die Ejército del Aire y del Espacio. Das K in der Bezeichnung zeigt an, dass das Flugzeug auch als Tanker genutzt werden kann.

Airbus Defence and Space

Die spanischen A400M sind auf der Basis Zaragoza stationiert. Das Flugzeug wird auch hier für unterschiedlichste Rollen genutzt.

Airbus Defence and Space

Belgische Luftwaffe und Armee Luxemburgs

Als Teil der im Juni 1989 gegründeten Euroflag waren FLABEL und SABCA aus Belgien beim A400M-Programm mit an Bord und so war es recht wahrscheinlich, dass auch die belgische Luftwaffe ihre C-130H Hercules mit dem A400M ersetzen würde. Tatsächlich enthielt die Beschaffungsvereinbarung vom 19. Juni 2001 insgesamt sieben A400M für Belgien, darüber hinaus eine Maschine für Luxemburg. Schon früh plante Luxemburg sein Flugzeug als Teil der belgischen Flotte zu betreiben und sich maßgeblich auf die belgische Spezifikation abzustützen. Die Flugzeug-Anzahl blieb über die Jahre konstant und so wurde die erste Maschine am 7. Oktober 2020, es war die luxemburgische CT-01 (MSN104), an den Einsatzverband 20. Squadron »Sioux Bleu« (Teil des 15. Wing) ausgeliefert. Diese Einheit, stationiert auf der Melsbroek Air Base, nördlich des Brüssler Flughafens, hatte zuvor fast 50 Jahre lang sieben C-130H Hercules operiert. Somit war Ersatz dringend vonnöten. Die erste belgische Maschine, die CT-02 (MSN106), wurde kurz vor Weihnachten, am 22. Dezember 2020 übergeben. Es folgten im Jahr 2021 drei weitere Maschinen: CT-03 (MSN109) im März, CT-04 (MSN114) im September und CT-05 (MSN116) im November. In 2022 ging es zügig weiter mit CT-06 (MSN117) im Januar und CT-07 (MSN119) im Mai. Mit dieser Flugzeuganzahl konnte nun eine stabile Operation dargestellt werden. Die belgischen bzw. die luxemburgische A400M werden überwiegend in der logistischen Rolle verwendet, sind aber auch als Plattform für Fallschirmspringer und Materialabwürfe im Einsatz. Luftbetankungsfähigkeit besitzen sie allerdings nicht.

Luxemburg hat einen A400M bestellt und übernommen. Er ist auf der belgischen Basis Melsbroek stationiert und organisatorisch Teil des 15. Geschwaders der belgischen Luftwaffe.

Airbus Defence and Space

Airbus Defence and Space

Auch in Belgien entstand neue Infrastruktur für den A400M.

Die A400M waren unter anderem Teil der im August 2021 stattfindenden internationalen Evakuierungsmission in Afghanistan. Hierbei wurden mit den A400M diverse Flüge von Kabul nach Islamabad in Pakistan durchgeführt.

Die belgische Luftwaffe betreibt auf der Melsbroek AB einen eigenen modernen Flugsimulator und organisiert mit Unterstützung von Airbus die Ausbildung seines Flugpersonals in Eigenregie.

Der letzte A400M für Belgien, CT-08 (MSN133), wurde am 12. Januar 2024 ausgeliefert und rundete das Beschaffungsprojekt ab. Da aufgrund der geringen Anzahl bestehende taktische Fähigkeiten des A400M nicht wirklich genutzt werden können, gibt es Bestrebungen die Flottenstärke ggfs. etwas zu erhöhen.

Airbus Defence and Space

Auslieferung der CT-03 (MSN109) an die belgische Luftwaffe am 3. März 2021.

Start der CT-04. Belgien verfügt über insgesamt sieben A400M. Die letzte Maschine (CT-08) wurde am 12. Januar 2024 ausgeliefert.

Airbus Defence and Space

Malaysia, Indonesien und Kasachstan

Der Export des A400M über die initialen Bestellungen hinaus war immer ein wichtiges Ziel von Airbus. Über die Jahre ergab sich tatsächlich der eine oder andere Exporterfolg, allerdings nur mit einer überschaubaren Anzahl Flugzeugen. Der erste zusätzliche Kunde war Malaysia, das schon im Dezember 2004 insgesamt vier Flugzeuge für seine Luftwaffe bestellte. Der Auftrag hatte einen Umfang von 900 Mio. Euro. Im Mai 2015 erhielt die Royal Malaysian Air Force (RMAF) mit der M54-01 (MSN022) ihren ersten A400M. Die weiteren Maschinen folgten im Dezember 2015 (M54-02, MSN032), im Juni 2016 (M54-03, MSN036) sowie im März 2017 (M54-04, MSN050). Stationiert wurde das Muster auf der Basis Subang (Kuala Lumpur) und es wurde der 22. Skuadron (Staffel) zugeordnet. Die RMAF operiert darüber hinaus die C-130H und T Herkules und die CN235-220M in der Transporter-Rolle.

Die Royal Malaysian Air Force (RMAF) war der erste zusätzliche Kunde. Die M54-01 (MSN022) wurde im Mai 2015 übergeben.

Die Luftwaffe Malaysias setzt den A400M sehr vielseitig ein. Dazu gehören Luftbetankungsmissionen mittels Pods und HDUs für Kampfflugzeuge und Transporter. Auch MedEvac wird durchgeführt. Der A400M bietet einen deutlichen Leistungssprung im Vergleich zur Herkules. So kann mit 37 Tonnen ca. die doppelte Nutzlast befördert werden. Und das bei einer deutlich größeren Reichweite und Reisegeschwindigkeit.

Nach einer Umstrukturierung der RMAF ist der A400M nun der 8. Skuadron zugeordnet. Nicht zuletzt aufgrund des Alters der Herkules ist es nicht unwahrscheinlich, dass weitere A400M das amerikanische Modell in naher Zukunft ersetzen werden.

Erst sehr viel später, zum 1. September 2021, erfolgte die nächste Bestellung eines weiteres Landes. Dieses Mal war es Kasachstan, das zwei Flugzeuge orderte. Die erste Maschine (MSN139, Registrierung 21) wurde im Dezember 2024 übergeben. Der zweite A400M (MSN153) ist für Herbst 2026 zur Auslieferung vorge-

Airbus Defence and Space

Airbus Defence and Space

Die vier A400M der RMAF sind auf der Basis Subang (Kuala Lumpur) stationiert.

Airbus Defence and Space

Mit Indonesien fand sich ein weiterer Kunde aus Fernost für den A400M. Neben zwei schon gelieferten Maschinen bestehen Optionen für vier weitere.

sehen. Stationiert wird das Muster in Almaty und von der 281st Air Transport Squadron betrieben. Diese Staffel verfügt unter anderem auch noch über das zweite Produkt aus Sevilla, die C295M.

Auch Kasachstan entschied sich für den A400M. Die zwei Flugzeuge sind mit einer ungewöhnlichen Glanz-Lackierung versehen.

Der aktuell letzte Kunde des A400M ist Indonesien. Die Bestellung über zunächst zwei Flugzeuge erfolgte am 18. November 2021. Die erste Maschine (MSN148, Registrierung A-4001) wurde am 1. November 2025 an die indonesische Luftwaffe ausgeliefert. Die zweite (MSN150, A-4002) folgte schließlich am 28. März 2026. Die beiden Flugzeuge gehören zur Skadud 31 und sind auf dem Flughafen in Jakarta stationiert. Es bestehen Optionen für vier weitere Maschinen. Es ist nicht unwahrscheinlich, dass diese umgesetzt werden.

Die zwei A400M der kasachischen Luftwaffe sind in Almaty stationiert. Daneben wird noch die C295M (acht Maschinen) betrieben.

Airbus Defence and Space

Airbus Defence and Space

Anhang

Meilensteine

Datum	Ereignis
Dezember 1982	Aérospatiale, British Aerospace, Lockheed und MBB gründen das Future-International-Military/ Civil-Airlifter-Konsortium (FIMA), um die Machbarkeit eines gemeinsamen Militärtransporters zu untersuchen.
1984	Ministertreffen der Independent European Programm Group (IEPG), welches die Harmonisierung operationeller Anforderungen und die Vermeidung paralleler Entwicklungen gleicher Projekte fordert und beschließt, dass die nationalen Rüstungsdirektoren einen Plan als Grundlage für einen gemeinsamen europäischen Rüstungsmarkt entwickeln sollen.
15. Okt. 1985	Die Verteidigungsminister der Independent European Program Group (IEPG) vereinheitlichen die Anforderungen an einen Militärtransporter.
3. Dez. 1985	Aeritalia und CASA treten nach Unterzeichnung eines neuen MOU mit den bisherigen FIMA-Mitgliedern ebenfalls der Group bei.
April 1988	Die IEPG erarbeitet ein Draft Outline Staff Target, das die Anforderungen definiert.
April 1989	Absichtserklärung von fünf Nationen, einen neuen Militärtransporter (FLA Future Large Aircraft) als Ersatz für C-130 und Transall zu entwickeln. Es soll ein Muster mit vier Strahltriebwerken werden.
6. Juni 1989	Aérospatiale gibt bekannt, dass die fünf europäischen Mitglieder der FIMA sich entschlossen haben, diese durch ein anderes Konstrukt zu ersetzen und dass Lockheed nicht mehr an der Entwicklung des neuen Militärtransporters beteiligt sei.
1991	Die IEPG definiert ein Outline European Staff Target (OEST).
Juli 1991	Die noch existierende Future International Military Airlifter-Gruppe wird durch die Aufnahme von Alenia Aeronautica (Italien), CASA (Spanien), OGMA (Portugal) und TAI (Türkei) offiziell in EuroFLAG (European Future Large Aircraft) umbenannt. Ein Joint-Venture-Unternehmen mit Sitz in Rom ist gegründet. Es soll die Entwicklung und den Bau der Maschine übernehmen. Die einzelnen, im Konsortium EuroFLAG zusammengeschlossenen Industrien sind: Deutsche Aerospace Airbus (DA), Frankreich Aerospatiale (AS), Großbritannien: British Aerospace (BAe), Italien: Alenia, Spanien: CASA, Portugal: OGMA, Türkei: TUSAS, Belgien: FLABEL. Neben der Deutschen Airbus, Hamburg, beteiligten sich am Kapital der EuroFLAG: Aerospatiale, British Aerospace, Alenia und CASA. Firmen aus der Türkei, Portugal, Belgien SONACA bzw SABCAerhalten den Status von assoziierten Partnern.
1991	Im Jahre 1991 wird das Outline European Staff Target (OEST) (Ursprung der Vormachbarkeitsstudien) von sechs Staaten gebilligt und unterzeichnet. An Bord sind: Deutschland, Frankreich, Italien, Spanien, Portugalund die Türkei. Großbritannien und Belgien haben nur Beobachterstatus.
Oktober 1993	Offizieller Start einer Machbarkeitsstudie.
April 1994	Nach Abschluss der ersten Phase der FS, die sich mit der Auswahl eines Antriebskonzepts für das FLA befasst, wird im April 1994 im Engine Type Selection Report, ETSL, der Turboprop-Antrieb für weitergehende Flugzeugstudien im zweiten Teil der FS empfohlen.
30.-31. Mai 1994	Im Rahmen der deutsch-französischen Gipfelgespräche (Kohl - Chirac) in Mühlhausen, unterstreichen beide Seiten ihre Absicht, ein militärisches Transportflugzeug zu realisieren. Es gibt nun einen ersten FLA-Workshop in Mannheim.
Januar 1995	Großbritannien hat 25 C-130J bei Lockheed bestellt und ist auch wieder regierungsseitig im FLA-Programm vertreten.
Mai 1995	Die Ergebnisse der Machbarkeitsstudie werden den Verteidigungsministerien vorgelegt. Darin wird die SOL 56, ein viermotoriges Turbopropflugzeug, empfohlen, das dem späteren A400M bereits relativ ähnlich ist.
Juni 1995	Das EuroFlag-Konsortium löst sich auf. Das Projekt soll nun im Rahmen von Airbus weitergeführt werden. Das Projekt heißt jetzt, zumindest in D, nicht mehr »Future Large Aircraft« (FLA), sondern »Future Transport Aircraft« (FTA).
13. Mai 1996	Frankreich zieht sich zeitweise aus dem FLA-Projekt zurück.
24. Juli 1996	Inspekteur der Luftwaffe genehmigt das »European Staff Requirement« (ESR), welches schon sehr genau die Forderungen der Luftwaffen beschreibt.
September 1997	Sieben Staaten legen eine Angebotsaufforderung vor und entscheiden sich im Dezember grundsätzlich für die A400M, ohne bindende Zusagen abzugeben.
1998	Verteidigungsminister Volker Rühe favorisiert die Idee einer Zusammenarbeit von Antonow und Airbus mit dem Ziel, das bereits als Prototyp vorhandene ukrainische Transportflugzeug Antonow An-70 weiterzuentwickeln, anstatt Airbus allein mit dem Neubau eines »Future Transport Aircraft« zu beauftragen.
1998	Airbus lehnte die An-70 als Basis für das FLA/ FTA-Projekt ab.
1998	Portugal steigt aus dem Programm aus.

Mitte 1998	Die Industrie startet auf eigene Kosten eine zwölfmonatige Vorphase.
29. Januar 1999	Ein Angebot für die A400M wird von der neu gegründeten Airbus Military Company vorgelegt. Es wird ein »Commercial Approach« vorgeschlagen.
16. Mai 2000	Der britische Verteidigungsminister Geoff Hoon gibt die Absicht zum Kauf von 25 A400M für die Royal Air Force bekannt.
2000	Portugal beabsichtigt nach seinem Ausstieg 1998 wieder zum Programm zurückzukehren und 6 bis 8 Flugzeuge zu beschaffen.
9. Juni 2000	In Mainz wird die politische Entscheidung der beiden Hauptkunden Frankreich und Deutschland zugunsten von Airbus verkündet. Sie fiel im Rahmen des 75. Deutsch-Französischen Gipfels zwischen Staatspräsident Jacques Chirac und Bundeskanzler Gerhard Schröder. Deutschland nannte dabei einen operationellen Bedarf von etwa 75 und Frankreich von 50 Flugzeugen.
27. Juli 2000	Sieben Nationen entscheiden sich mit einer in Farnborough unterzeichneten Deklaration für den A400M, wobei ein Bedarf von 225 Flugzeugen angemeldet wird.
Juni 2001	Die Nationen unterzeichnen eine Absichtserklärung zur Beschaffung des A400M. Die Rüstungsagentur OCCAR wird als Vertragspartner bestimmt.
19. Juni 2001	Im Rahmen der Le Bourget Airshow wird das MoU zur Entwicklung der Beschaffung von A400M durch Belgien (7), Luxemburg (1), Deutschland (73), Frankreich (50), Großbritannien (25), Spanien (27) und der Türkei (10) unterzeichnet. Italien (16) und Portugal (3) wollen später folgen.
14. Dez. 2001	Airbus, EADS-CASA, TAI, FLABEL und OGMA schließen einen Vetrag über die Gründung der Airbus Military SAS (AMC).
18. Dez. 2001	In Brüssel wird ein Vertrag über die Lieferung von 196 Flugzeugen unterzeichnet, da sich Italien Ende Oktober zurückgezogen hatte. Er tritt jedoch nicht in Kraft, da der Deutsche Bundestag die Finanzierung der für die Bundeswehr vorgesehenen 73 Maschinen ablehnt.
November 2002	Bundesverteidigungsminister Dr. Struck entscheidet im Rahmen der laufenden Überprüfung aller Rüstungsvorhaben, die deutsche Abnahmestückzahl auf 60 Flugzeuge zu reduzieren.
Anfang 2003	Portugal zieht sich aus dem Projekt zurück.
6. Mai 2003	Airbus wählt das EuroProp TP400-D6-Triebwerk gegen das Konkurrenzangebot von Pratt & Whitney Canada aus.
27. Mai 2003	Erst nach einer Reduzierung des deutschen Anteils auf 60 Stück wird von der Beschaffungsbehörde OCCAR und Airbus Military in Bonn der integrierte Entwicklungs- und Beschaffungsvertrag für 180 A400M unterzeichnet.
31. Mai 2003	Inkrafttreten des Vertrages, der sogenannte TO, der A400M war geboren!
15. Dez. 2004	Südafrika unterschreibt eine Absichtserklärung für die Beteiligung am A400M-Programm.
26. Jan. 2005	Erste Teile für den A400M werden gefertigt.
8. Dez. 2005	Malaysia bestellt vier A400M.
24. Juli 2006	Beginn der Rumpfmontage in Bremen.

25. Juli 2006	Der erste Flügel wird in Filton montiert.
19. März 2007	Aus Bremen kommend trifft der erste Rumpf in Getafe ein.
Ende 2007	Baubeginn des ersten Prototyps in Sevilla.
März 2008	Alle Triebwerke für den ersten A400M sind in Sevilla eingetroffen.
22. April 2008	Der für die Airbus-Militärsparte zuständige Carlos Suarez gibt in Sevilla bekannt, dass die inter. Kosten für das Projekt um 1,4 Milliarden Euro gestiegen seien.
26. Juni 2008	Roll-Out-Feier für den ersten A400M bei EADS in Sevilla.
17. Dez. 2008	Erster Testflug des TP400-D6 an einer umgerüsteten C-130 Hercules in Cambridge. Verspätung: ca. 18 Monate.
3. Feb. 2009	Angeblich hält Airbus wegen finanzieller Probleme durch den erhöhten Finanzbedarf infolge der technischen Probleme und der Programmverzögerung nicht mehr unbedingt an der Realisierung fest.
24. Juli 2009	Die Verteidigungsminister der beteiligten Länder vereinbaren vorerst ein Festhalten am Projekt und eine Neuplanung von Finanzierung und Terminen innerhalb eines halben Jahres.
3. Sept. 2009	Die ersten Bodentests beginnen.
4. Nov. 2009	Südafrika storniert seine Bestellung.
11. Dez. 2009	Erstflug des A400M (MSN001, F-WMMT) in Sevilla. Er dauert 3 Stunden und 47 Minuten.
5. März 2010	EADS und die Kundenländer einigen sich grundsätzlich auf eine umfassende Anpassung der Verträge. Die Mehrkosten betragen zwei Milliarden Euro plus 1,5 Milliarden an bedingt rückzahlbaren Krediten.
8. April 2010	Erstflug des zweiten A400M in Sevilla.
Juni 2010	Der A400M wird auf der ILA in Berlin erstmals öffentlich präsentiert.
November 2010	Bei Airbus in Bremen beginnt die Produktion für das erste Serienflugzeug.
5. Nov. 2010	EADS einigt sich mit den sieben Käuferstaaten auf eine Lösung mit reduzierten Stückzahlen. Die Finanzierung ist gesichert! Deutschland bestellt 53 statt wie geplant 60 Maschinen. Die übrigen sieben Bestellungen werden in eine Option umgewandelt.
20. Dez. 2010	Der vierte Prototyp MSN004 hebt ab.
Februar 2011	Mit dem zweiten Prototypen (MSN002) beginnen Anfang Februar 2011 nun in Kiruna, Schweden für vier Tage umfangreiche Kältetests.
15. Feb. 2011	Erste Luftbetankungsversuche hinter einer VC10 (nur »trockene« Kontakte).
9. März 2011	Airbus Military gibt grünes Licht für den Beginn der Serienfertigung.
7. April 2011	Der geänderte A400M-Vertrag wird in Sevilla von Airbus und der OCCAR unterzeichnet.
8. Aug. 2011	Airbus Military feiert die 2000. Flugstunde mit dem A400M.

Datum	Ereignis
23. Nov. 2011	Die Endmontage der ersten Serienmaschine (MSN007) für Frankreich hat in Sevilla begonnen.
20. Dez. 2011	Als letztes Testflugzeug hebt die MSN006 in Sevilla zum Jungfernflug ab.
März 2012	Der A400M absolviert in La Paz Tests auf einem hoch gelegenen Flugplatz.
17. April 2012	Lieferbeginn an der Endmontagelinie bei MTU des TP400-D6.
30. April 2012	Beschränkte zivile Zulassung durch die EASA (als A400M-180).
3. Mai 2012	In Toulouse wird von der EASA für A400M das »Retr.Type Certificate« übergeben.
Mai 2012	Der A400M führt in Cottbus Versuche auf einer unbefestigten Graspiste durch.
6. Juli 2012	Der A400M erhält bei einer Zeremonie in Fairford offiziell den Namen »Atlas«.
6. März 2013	Das erste für Frankreich bestimmte Serienflugzeug, MSN007, absolviert seinen Erstflug.
13. März 2013	Airbus Military erhält für den A400M die vollständige zivile Musterzulassung der EASA.
31. Juli 2013	Die internationale militärische Zulassung und Qualifizierung für den Standard IOC (Initial Operating Clearance) wird durch die OCCAR erteilt.
1. August 2013	Erste Lieferung eines A400M an Frankreich.
4. April 2014	Die Türkei nimmt als zweites Land seinen ersten A400M ab.
14. Okt. 2014	Der erste deutsche A400M 54+01, MSN018, absolviert seinen Erstflug.
17. Nov. 2014	Der erste A400M für Großbritannien trifft in Brize Norton ein.
18. Dez. 2014	Airbus hat in Sevilla den ersten A400M formell an die deutsche Luftwaffe übergeben.
19. Dez. 2014	Der erste für die Luftwaffe bestimmte A400M, 54+01, landet in seiner neuen Heimat im niedersächsischen Wunstorf.
9. März 2015	Airbus hat in Sevilla den ersten A400M formell an Malaysia übergeben.
9. Mai 2015	Der für die Türkei vorgesehene A400M, MSN023, stürzte kurz nach dem Start in Sevilla ab.
6. Juli 2015	Es fällt der Startschuss in der Ausbildungssektion des LTG 62 für den Ausbildungsbetrieb A400M in Wunstorf.
21. April 2016	Der erste A400M mit der Kennung 54+01 wird auf den Namen »Wunstorf« getauft.
Ende 2016	Die Auslieferung des ersten taktischen A400M.
15. März 2017	Erster Flug (54+07) mit Nachtsichtbrille (NVG).
13. Juli 2017	Ein Meilenstein in der in der fliegerischen Ausbildung A400M im LTG 62. Am 13. Juli 2017 erhält die Ausbildungsinspektion des LTG 62 ihre Zertifizierungsurkunde als »Approved Training Organisation« (ATO) vom Luftfahrtamt der Bundeswehr.
Anfang 2018	Das LTG 62 hat bereits 15 A400M übernommen.
1. August 2019	Der A400M wird als fliegende Intensivstation, als sogenannte »Intensive Care Aeromedica lEvacuation« (ICAE) eingesetzt.
März 2019	Es stehen A400M des LTG 62 als »fliegende Tankstellen« für deutsche Eurofighter und Tornado zur Verfügung.
März 2020	Teilnahme am Feldversuch »Xaver 2020«. Weiterentwicklung und Optimiereung des Selbstschutzes. Ein A400M verlegte nach Jordanien.
16.-26. Aug. 2021	460 Soldatinnen und Soldaten aus verschiedenen Teilstreitkräften und 5347 deutsche Staatsangehörige, Europäer und afghanische Ortskräfte werden aus Afghanistan evakuiert.
Ende Juni 2022	Erstmals wurde mit einem A400M das Absetzen von Schwerlast durch einen Truppenversuch (TTVG) des LTG 62 erfolgreich evaluiert.
August 2022	Erste Weltumrundung eines A400M. Über 46.000 Kilometer wurden dabei in 64 Flugstunden zurückgelegt. Sydney, die Osterinseln, Bolivien und Curacao wurden bei einem um die Welt führenden Auftrag angeflogen.
Anfang 2023	Die Luftwaffe verfügt über mittlerweile 40 A400M.
April 2023	Es erfolgt die Evakuierungsmission im Sudan MilEvakOpSudan unter Beteiligung des A400M.
12.-23. Juni 2023	Teilnahme an der Übung Air Defender 23 mit A400M in Wunstorf.
März 2024	Auslieferung der 54+45 mit HDU-Ausstattung.
März 2024	Acht Wochen lang hat das LTG 62 den Auftrag, die Bevölkerung im Gazastreifen aus der Luft zu versorgen.
24. Mai 2024	Betankung von Großflugzeugen mit zentralem Tankschlauch an der Heckklappe. Erfolgreicher Test von A400M zu A400M.
10. Juni 2024	Der erste A400M für Kasachstan, MSN139, hat ihren Erstflug in Sevilla.
Ende 2024	10 Jahre in Wunstorf ist die A400M-Flotte mit der 54+47 auf 46 Maschinen angewachsen.
Juni 2025	Im Juni 2025 verlässt der erste A400M für Indonesien die Werkshalle in Sevilla.
August 2025	Der neueste A400M der Luftwaffe, Kennzeichen 54+50, MSN 144, startet von Sevilla mit der Flugnummer GAF 203 nach Wunstorf.
17. April 2026	Zum 53. Mal landet ein brandneuer A400M in seiner neuen Heimat Fliegerhorst Wunstorf. Kommandant beim Überführungsflug der 54+63 ist Generalleutnant Günter Katz.
28. Juni 2026	Insgesamt stellt die Bundeswehr bis zu sechs A400M für die Erdbebenhilfe in Venezuela bereit. Fünf Transportflugzeuge sowie einen Rettungsflieger Medical Evacuation (MedEvac).
Juli 2026	Frankreich setzt im Juli den Airbus A400M erstmals weltweit bei schweren Waldbränden nahe Bordeaux als Löschflugzeug im Echtbetrieb ein. Der modifizierte Militärtransporter nutzt ein roll-on/roll-off-Löschsystem und kann rund 20.000 Liter Wasser pro Abwurf transportieren.

A400M-Seriennummern

Produktions-Nummer	Typ	Kennzeichen	Auslieferung	Eigner	Bemerkung
5000	A400M			Airbus	Strukt. Testkörper
5001	A400M			Airbus	Ermüdungstest-Rumpf
MSN001	A400M	F-WWMT		Airbus	Prototyp inaktiv
MSN002	A400M	EC-402		Airbus	Prototyp inaktiv
MSN003	A400M	F-WWMS		Airbus	Prototyp inaktiv
MSN004	A400M	EC-404		Airbus	Prototyp inaktiv
MSN005	A400M			Airbus	nicht gebaut
MSN006	A400M	F-WWMZ		Airbus	Prototyp, Mitte 2026 noch aktiv
MSN007	A400M-180	F-RBAA	1/8/2013	FASF	
MSN008	A400M-180	F-RBAB	6/11/2013	FASF	
MSN009	A400M-180	13-0009	4/4/2014	THK	
MSN010	A400M-180	F-RBAC	25/7/2014	FASF	
MSN011	A400M-180	F-RBAD	13/8/2014	FASF	
MSN012	A400M-180	F-RBAE	8/9/2014	FASF	
MSN013	A400M-180	14-0013	23/12/2014	THK	
MSN014	A400M-180	F-RBAF	18/12/2014	FASF	
MSN015	A400M-180	ZM400	17/11/2014	RAF	
MSN016	A400M-180	ZM401	5/2/2016	RAF	
MSN017	A400M-180	ZM402	27/2/2015	RAF	
MSN018	A400M-180	54+01	19/12/2014	GAF	
MSN019	A400M-180	F-RBAG	21/6/2015	FASF	
MSN020	A400M-180	ZM403	14/6/2015	RAF	
MSN021	A400M-180	ZM404	5/2/2016	RAF	
MSN022	A400M-180	M54-01	12/3/2015	RMAF	
MSN023	A400M-180	(14-0023)		Airbus	für THK geplant, abgestürzt
MSN024	A400M-180	ZM405	10/9/2015	RAF	
MSN025	A400M-180	ZM406	2/10/2015	RAF	
MSN026	A400M-180	ZM407	11/5/2016	RAF	
MSN027	A400M-180	ZM408	12/12/2015	RAF	
MSN028	A400M-180	14-0028	25/11/2015	THK	
MSN029	A400M-180	54+02	21/12/2015	GAF	
MSN030	A400M-180	54+03	10/12/2015	GAF	
MSN031	A400M-180	F-RBAH	30/12/2015	FASF	
MSN032	A400M-180	M54-02	27/12/2015	RMAF	
MSN033	A400M-180	F-RBAI	10/6/2016	FASF	
MSN034	A400M-180	ZM409	16/9/2016	RAF	
MSN035	A400M-180	54+04	13/7/2016	GAF	
MSN036	A400M-180	M54-03	11/6/2016	RMAF	
MSN037	A400M-180	F-RBAJ	27/7/2016	FASF	
MSN038	A400M-180	ZM410	22/7/2016	RAF	
MSN039	A400M-180	ZM411	28/10/2016	RAF	
MSN040	A400M-180	54+05	9/9/2016	GAF	
MSN041	A400M-180	54+06	21/12/2016	GAF	
MSN042	A400M-180	ZM412	16/2/2017	RAF	
MSN043	A400M-180	54+07	15/12/2016	GAF	
MSN044	A400M-180	T.23-01, 10074	1/12/2016	SpASF	
MSN045	A400M-180	ZM413	10/2/2017	RAF	
MSN046	A400M-180	54+08	31/1/2017	GAF	
MSN047	A400M-180	ZM414	17/3/2017	RAF	

Stand Juli 2026

Produktions-Nummer	Typ	Kennzeichen	Auslieferung	Eigner	Bemerkung
MSN048	A400M-180	54+09	30/6/2017	GAF	
MSN049	A400M-180	54+10	31/5/2017	GAF	
MSN050	A400M-180	M54-04	12/2/2017	RMAF	
MSN051	A400M-180	15-0051	7/4/2017	THK	
MSN052	A400M-180	ZM415	14/6/2017	RAF	
MSN053	A400M-180	F-RBAK	3/1/2017	FASF	
MSN054	A400M-180	54+11	27/9/2017	GAF	
MSN055	A400M-180	16-0055	14/7/2017	THK	
MSN056	A400M-180	ZM420	11/10/2022	RAF	
MSN057	A400M-180	54+12	11/8/2017	GAF	
MSN058	A400M-180	ZM416	17/10/2017	RAF	
MSN059	A400M-180	54+13	29/9/2017	GAF	
MSN060	A400M-180	ZM417	19/10/2017	RAF	
MSN061	A400M-180	54+14	17/11/2017	GAF	
MSN062	A400M-180	F-RBAL	1/12/2017	FASF	
MSN063	A400M-180	54+15	7/12/2017	GAF	
MSN064	A400M-180	54+16	16/1/2018	GAF	
MSN065	A400M-180	F-RBAM	19/12/2017	FASF	
MSN066	A400M-180				nicht gebaut
MSN067	A400M-180	54+17	7/3/2018	GAF	
MSN068	A400M-180				nicht gebaut
MSN069	A400M-180	54+18	22/3/2018	GAF	
MSN070	A400M-180	TK.23-02, 10075	22/12/2017	SpASF	
MSN071	A400M-180	54+19	15/5/2018	GAF	
MSN072	A400M-180	ZM418	4/5/2018	RAF	
MSN073	A400M-180	F-RBAN	20/3/2018	FASF	
MSN074	A400M-180	54+20	27/9/2018	GAF	
MSN075	A400M-180	F-RBAT	15/12/2022	FASF	
MSN076	A400M-180	TK.23-03, 10076	25/7/2018	SpASF	
MSN077	A400M-180	ZM419	28/6/2018	RAF	
MSN078	A400M-180	17-0078	21/6/2018	THK	
MSN079	A400M-180	54+21	9/8/2018	GAF	
MSN080	A400M-180	17-0080	17/10/2018	THK	
MSN081	A400M-180	54+22	10/1/2019	GAF	
MSN082	A400M-180	T.23-04, 10174	10/1/2019	SpASF	
MSN083	A400M-180	54+23	6/12/2018	GAF	
MSN084	A400M-180	54+24	21/12/2018	GAF	
MSN085	A400M-180	54+25	21/12/2018	GAF	
MSN086	A400M-180	54+26	3/5/2019	GAF	
MSN087	A400M-180	54+27	7/3/2019	GAF	
MSN088	A400M-180	54+28	30/4/2019	GAF	
MSN089	A400M-180	F-RBAO	26/4/2019	FASF	
MSN090	A400M-180	54+29	23/5/2019	GAF	
MSN091	A400M-180	54+30	27/6/2019	GAF	
MSN092	A400M-180	54+31	8/8/2019	GAF	
MSN093	A400M-180	18-0093	20/6/2019	THK	
MSN094	A400M-180	18-0094	7/8/2019	THK	
MSN095	A400M-180	F-RBAP	4/12/2019	FASF	
MSN096	A400M-180	54+32	16/1/2020	GAF	
MSN097	A400M-180	T.23-05, 10206	3/9/2019	SpASF	
MSN098	A400M-180	T.23-06, 10207	30/10/2019	SpASF	
MSN099	A400M-180	T.23-07, 10208	10/1/2020	SpASF	
MSN100	A400M-180	54+33	30/7/2020	GAF	
MSN101	A400M-180	T.23-08, 10217	12/3/2020	SpASF	
MSN102	A400M-180	F-RBAQ	24/4/2020	FASF	
MSN103	A400M-180	54+34	22/6/2020	GAF	

MSN104	A400M-180	CT-01	7/10/2020	LUX	
MSN105	A400M-180	54+35	11/5/2025	GAF	
MSN106	A400M-180	CT-02	22/12/2020	BAF	
MSN107	A400M-180	54+36	3/3/2021	GAF	
MSN108	A400M-180	TK.23-09, 10218	21/12/2020	SpASF	
MSN109	A400M-180	CT-03	3/3/2021	BAF	
MSN110	A400M-180	F-RBAR	2/4/2021	FASF	
MSN111	A400M-180	T.23-10, 10219	24/11/2021	SpASF	
MSN112	A400M-180	T.23-11, 10220	2/9/2021	SpASF	
MSN113	A400M-180	54+37	12/11/2021	GAF	
MSN114	A400M-180	CT-04	23/9/2021	BAF	
MSN115	A400M-180	54+38	2/12/2021	GAF	
MSN116	A400M-180	CT-05	10/11/2021	BAF	
MSN117	A400M-180	CT-06	14/1/2022	BAF	
MSN118	A400M-180	21-0118	30/3/2022	THK	
MSN119	A400M-180	CT-07	11/5/2022	BAF	
MSN120	A400M-180	T.23-12, 10221	26/5/2022	SpASF	
MSN121	A400M-180	T.23-13, 10222	13/7/2022	SpASF	
MSN122	A400M-180	F-RBAS	16/9/2022	FASF	
MSN123	A400M-180	54+40	16/9/2022	GAF	
MSN124					nicht gebaut
MSN125	A400M-180	54+39	21/12/2022	GAF	
MSN126	A400M-180	54+41	15/11/2022	GAF	
MSN127	A400M-180	F-RBAU	14/2/2023	FASF	
MSN128	A400M-180	TK.23-14, 10223	25/4/2023	SpASF	
MSN129	A400M-180	ZM421	22/5/2023	RAF	
MSN130	A400M-180	RBAV	24/11/2023	FASF	
MSN131	A400M-180	54+43	18/8/2023	GAF	
MSN132	A400M-180	54+44	14/11/2023	GAF	
MSN133	A400M-180	CT-08	12/1/2024	BAF	
MSN134	A400M-180	F-RBAW	12/1/2024	FASF	
MSN135	A400M-180	54+45	1/3/2024	GAF	
MSN136	A400M-180	54+42	26/4/2024	GAF	
MSN137	A400M-180	F-RBAX	25/6/2024	FASF	
MSN138	A400M-180	54+46	19/6/2024	GAF	
MSN139	A400M-180	21	5/12/2024	KADF	
MSN140	A400M-180	54+47	29/10/2024	GAF	
MSN141	A400M-180	54+48	4/12/2024	GAF	
MSN142	A400M-180	F-RBAY	16/1/2026	FASF	
MSN143	A400M-180	54+49	28/5/2025	GAF	
MSN144	A400M-180	54+50	1/8/2025	GAF	
MSN145	A400M-180	54+61	27/11/2025	GAF	
MSN146	A400M-180	54+62	5/2/2026	GAF	
MSN147	A400M-180	54+63	17/4/2026	GAF	
MSN148	A400M-180	A-4001	1/11/2025	TNI-AU	
MSN149	A400M-180	F-RBAZ		FASF	
MSN150	A400M-180	A-4002	21/3/2026	TNI-AU	
MSN151	A400M-180	F-RBBA		FASF	
MSN152	A400M-180			SpASF	
MSN153	A400M-180	22		KADF	

Abkürzungen

Abkürzung	Begriff
A	
AFCS	Automatic Flight Control System
AFDX	Avionics Full Switched Ethernet
AMC	Airbus Industrie / Airbus Militäry Companie
APU	Auxillary Power Unit
ADF	Automatic Directon Finding
ACM	Air Cycle Machine
B	
BAe	British Aerospace
BM	Bundesminister
BMVg	Bundesministerium der Verteidgung
BoD	Board of Directors
BIT	Built-In-Test
BWB	Bundesamt für Wehrtechnik und Beschaffung
BAAINBw	Bundesamt für Ausrüstung, Informationstechnik und Nutzung der Bundeswehr
C	
CASA	Construcciones Aeronautica S.A.
CDS	Control and Display System
CFC	Carbon Fibre Composites
CFK	Carbonfaserverstärkter Kunststoff
CSG	Computer-Symbolgeneratoren
CRPA	Controlled Reception Pattern Antenna
D	
DA	Development Aircraft
DASA	Deutsche Aerospace AG
DLR	Deutsches Zentrum für Luft-und Raumfahrt
DF	Direction Finder
DME	Distance Measuring Equipment
E	
EADS	European Aeronautic Defence and Space Company
ECM	Electronic Counter Measures
ELT	Emergency Locator Transmitter
ErpS	Erprobungsstelle
ESM	Electronic Support Measures
EST	European Staff Target
ESR	European Staff Requirements
EuroFlag	European Future Large Aircraft Group
ETSL	Engine Type Selection Report
EVS	Enhanced Vision System
F	
FADEC	Full Authority Digital Engine Control
FBW	Fly-by-Wire
FCS	Flight Control System
FIMA	Future International Military/Civil Airlifter Konsortium
FLA	Future Large Aircraft
FMS	Flight Management System
FRG	Federal Republic of Germany
FS	Feasibility Study
FSD	Full Scale Development
FTA	Future Transport Aircraft
FRPA	Fixed Reception Pattern Antenna
FLI	Forward Looking Infrared
FEP	Flight envelope protection
G	
GFK	Glasfaserverstärkter-Kunststoff
GPS	Global Positioning System
GPWS	Ground Proximity Warning System
GADIRS	GPS Air Data and Inertal Reference Systen
G/S	Glideslope
H	
HUD	Head-Up Display
HF	High Frequency Radio
I	
IABG	Industrieanlagenbetriebsgesellschaft
IEPG	Independent European Programme Group
IFF	Identification Friend or Foe
IFR	Instrument Flight Rules
IIPO	Interim International Programme Offices
ILA	Internationalen Luftfahrtausstellung
ILS	Instrument Landing System
INS	Inertial Navigation System
K	
KCCU	Keyboard and Curser Control Unit

L

LCD	Liquid Crystal Display
LINS	Laser Inertial Navigation System
LWR	Laser-Warner
LOC	Localizer
LRU	Line Replaceable Units

M

MBB	Messerschmitt-Bölkow-Blohm
MDD	McDonnell Douglas
MFD	Multi Function Full Colour Displays
MIDS	Multifunction Information and Distribution System
MLS	Microwave Landing System
MoU	Memorandum of Understanding
MRTT	Multi Role Transport Tanker
MTA	Medium Transport Aircraft
MTU	Motoren und Turbinen-Union München
MKR	Marker
MLS	Microwave landing System
MMR	Multi Mode Receiver

N

NATO	North Atlantic Treaty Organisation

O

OCCAR	Organisation for Joint Armament Cooperation
OEST	Outline European Staff Target
OST	Outline Staff Target
OEU	Operational Evaluation Unit

P

PD	Program Division
PDP	Pre Development Phase
PFD	Primary Flight Display
PFS	Pre Feasibility Study
PIRATE	Passive Infrared Airborne Tracking Equipment
PLA	Pre Launch Activities
PSP	Production System Package

R

RAF	Royal Air Force
RFI	Request for Information
RfP	Request For Proposal
RPV	Remote Pilot Vehicle
RR	Rolls-Royce
RSAF	Royal Saudia Air Force
RA	Radar Altimeter

S

S-A	Surface-to-Air
SALT	Strategic Arms Limitation Talks
SDR	System Design Responsibility
SOL	Solutions
SPA	Series Production Aircraft
SPS	Secondary Power System
STOL	Short Take -Off and Landing
STORM	Senior Technical and Operational Rep Meeting
SATCOM	Satellite Commnication System
SUZ	Systemunterstützungszentrum

T

TAF	Taktische Forderung
T/R	Transmiter/Receiver
TRU	Transformer/Rectifier Unit
TSLW	Technischen Schule der Luftwaffe
TACAN	Tactical Air Navigation
TCAS	Traffic Collision Avoidance System

U

UADF	User Application Defined Files
UCS	Utility Control System
UF	Unternehmensbereich Flugzeuge (MBB)
UHF	Ultra High Frequency

V

VHF	Very High Frequency
VFW	Vereinigte Flugtechnische Werke
VSTOL	Vertical/Short Take Off and Landing
VTOL	Vertical Take Off and Landing
VVZ	Vorläufige Verkehrszulassung
VDR	V/UHF Data Radio
VOR	VHF Omnidirectioal Range
V/UH	Very/Ultra High Frequency

W

WP	Warschauer Pakt
WVR	Within Visual Range
WTD	Wehrtechnische Dienststelle

Literaturquellen

- Sonderveröffentlichung »FLA/FTA/A400M Historie«, OTG i.G. a.D. Dieter Cebulla
- Das Fliegende Blatt, Die Zeitung für den Fliegerhorst Wunstorf, mehrere Ausgaben.
- Überblick 10 Jahre A400M, LTG 62, RI Martin Buschhorn
- Airbus A400M Atlas, Key Books, Babak Taghvaee
- MTU Aero Engines AG, Broschüre TP400-D6 TRIEBWERK FÜR DEN AIRBUS A400M
- Wehrtechnischer Report »10 Jahre A400M«, Mittler Verlag
- AUTOFLUG Produkte im A400M ComEntire GmbH, Rebecca Döring
- OCCAR Business Plan 2024
- Diverse Berichte aus den Fachzeitschriften Flug Revue, Aviation Week, Air Forces Monthly

Dank

Bei der Erstellung dieses Buches erhielten wir von der Luftwaffe sowie von Airbus Defence and Space außergewöhnliche Unterstützung.

Unser ganz besonderer Dank gilt dem Inspekteur der Luftwaffe, Herrn General Holger Neumann, dem Kommodore des LTG 62, Herrn Oberst Markus Knoll, sowie dem Head of A400M Programme bei Airbus Defence and Space, Herrn Gerd Weber.

Darüber hinaus möchten wir die sehr wertvolle Hilfe von Herrn Regierungsinspektor Martin Buschhorn, Pressestelle LTG 62, hervorheben und uns bei ihm ganz herzlich bedanken.

Herr Oberstleutnant i.G. a.D. Dieter Cebulla, bis 2012 der verantwortliche Luftwaffen-Offizier für den A400M, hat bei der Aufarbeitung der Geschichte einen sehr wertvollen Beitrag beigesteuert. Herzlichen Dank hierfür!

Weiterhin danken wir sehr herzlich:
Alexander Burden (Motorbuch-Verlag), Martin Dechow (A400M Chief Engineer, Airbus Defence and Space), Hauptmann M. Dörnemann (LTG 62), Christian Dörr (External Communications Manager, Airbus Defence and Space), Matthias Fink (Airbus Defence and Space), Mathias Grafe (A400M Service Manager, Airbus Defence and Space), Dr. Lars Uwe Hansen (Head of Airbus Site Bremen, Airbus Defence and Space), Torsten Helfers (Leiter Technical Support Services, Airbus Defence and Space), Heiko Haas (Leiter CAMO Support, Airbus Defence and Space), Peter Kalak (Head of A400M Support Center, Airbus Defence and Space), Petra Klinker (WTD 61), Hauptmann Florian Koschik (Ausbildungsgruppe A400M), Hauptmann Markus Lange (BAAINBw L7.1), Robert Liepelt (Leiter MRO Services Wunstorf, Airbus Defence and Space), Helena Parrilla Martin (Head of A400M Delivery Center), Alvaro Mateo (Leiter Material Management, Airbus Defence and Space), Technischer Regierungsoberamtsrat Markus Müther (WTD 61), Günther Nord, Oberstleutnant i.G. Dr. Marc Oprach (Kommando Luftwaffe), StFw Thomas Pazdyka (Ausbildungsgruppe A400M), Dr. Stefan Petersen, Technischer Oberregierungsrat Stefan Pfeiffer (BAAINBw L7.1), Oberstleutnant Matthias Poll (Leiter Ausbildungsgruppe A400M), Oberstleutnant Christian Schott (BAAINBw L7.2), Technischer Oberregierungsrat Axel Schucany (BAAINBw L7.2), Oberstleutnant Steve Schüler (Kommandeur TGrp LTG 62), Oberstleutnant Christoph Schwarze (Stlv. Kommandeur Fliegende Gruppe LTG 62), Andreas Thürnagel (Head of IFA & Cargo Programme, Airbus Defence and Space), Julia Wagner (Site Communications Bremen & Wunstorf, Aibus Defence and Space), Bianca Wasgien (PMO Support Centre Wunstorf, Airbus Defence and Space), Technischer Regierungshauptsekretär Michael Wiedmann (WTD 61) und Klaus Wieland.

Die Autoren